电场处理高粱、番茄种子应用研究

胡建芳　编著

化学工业出版社

·北京·

内容简介

本书是笔者依据主持山西省科技厅农业科技攻关课题《不同电场强度对番茄生长发育效应研究》（课题立项号：2013031101-1）和博士毕业论文《高压电场对高粱种子萌发及苗期生长生物学效应的研究》的研究成果而撰写的，从高压电场处理技术在农业中的应用、电场处理高粱种子应用研究、电场处理番茄种子应用研究三个方面，阐述了电场生物效应的特点及影响因素，研究高压电场对高粱种子萌发及苗期生长发育的生物学效应、高压电场对番茄生长的生物学效应。

图书在版编目（CIP）数据

电场处理高粱、番茄种子应用研究/胡建芳编著. —北京：
化学工业出版社，2023.8
ISBN 978-7-122-43540-8

Ⅰ.①电… Ⅱ.①胡… Ⅲ.①电场-应用-高粱-种子处理②电场-应用-番茄-种子处理 Ⅳ.①S514.041②S641.204

中国国家版本馆 CIP 数据核字（2023）第 094819 号

责任编辑：张雨璐　李植峰　　　　　　　　文字编辑：药欣荣
责任校对：李雨晴　　　　　　　　　　　　装帧设计：韩　飞

出版发行：化学工业出版社（北京市东城区青年湖南街 13 号　邮政编码 100011）
印　　装：北京科印技术咨询服务有限公司数码印刷分部
710mm×1000mm　1/16　印张 9½　字数 160 千字　2023 年 9 月北京第 1 版第 1 次印刷

购书咨询：010-64518888　　　　　　　　售后服务：010-64518899
网　　址：http://www.cip.com.cn
凡购买本书，如有缺损质量问题，本社销售中心负责调换。

定　　价：68.00 元　　　　　　　　　　　版权所有　违者必究

物理农业是将电、磁、声、光、热、核等具有生物效应的物理因子应用于农业生产领域，操控植物的生长发育及生活环境，促进农产品提质增效的环境调控型农业。与传统农业相比，物理农业减少了化肥和农药的使用，降低了环境污染和地力衰退，且节约生产成本，易于推广应用。因此，发展现代物理农业技术，契合新时代对农业可持续性发展的要求。电场处理技术是物理农业的一项重要手段，近年来在调控农作物生长发育和病虫害预防等方面得到了越来越多的研究和应用。其中，电场处理植物种子因其装置简单、操作方便、低耗节能、省时高效等特点，引起了农业领域研究者的广泛关注。目前，在电场预处理种子实际推广应用中，由于电场生物效应具有剂量不等性、参数多元性、阶段性和消退效应、多向性及阈值效应等特点，加之电场生物效应涉及生物和物理两个领域，造成对其作用机理研究不深入，一定程度上限制了该技术在农业中的推广应用。本书以电场预处理高粱种子和番茄种子的试验实践为例，介绍了电场预处理植物种子对其生长发育的生物效应，旨在为电场处理技术在生产中的应用提供科学依据和理论指导。

本书在编写过程中，得到了山西农业大学杜慧玲教授、王玉国教授、姚延涛教授和郭平毅教授的无私支持和帮助，并提出了许多宝贵的建设性意见；山西农业大学农学院王慧杰副研究员、山西农业大学棉花研究院的许琦研究员及南花农场秦运昌场长在试验过程中给予了热情的帮助；山西运城农业职业技术学院肖宁月副书记、陈建中博士等人也做了不少相关的工作。书稿付梓之际，在此谨向他们表示最衷心的感谢。另外，本书在编写过程中，还参考了大量相关的国内外研究专著及高水平刊物，在此，特向有关人士谨致谢意。

由于作者水平有限，书中不妥之处在所难免，恳请读者批评指正。

胡建芳

目　录

第一章
高压电场处理技术在农业中的应用

第一节　物理农业发展概况

一、物理农业简述

物理农业的概念在 21 世纪初首次提出，当时的物理农业就是想通过简单设备来提高产量。后来，研究者向物理农业领域添加了更多的物理元素。20世纪 70 年代，物理单项技术开始在农业中得到应用，如日本等国通过磁场处理种子，取得了较好的效果。20 世纪 80 年代，我国逐渐开始开展物理技术在农业应用上的研究，如声波助长技术在花卉、蔬菜种植中的应用，也取得了较好效果。随着空间电场生物效应的发现和大气电场对植物生理作用影响的研究，诞生了空间电场调控动植物生长和病害预防技术，该技术对物理农业的发展产生了深远影响。空间电场系列装备的出现将物理农业的范畴从种植业迅速扩展到了水产养殖业、动物养殖业及菌业。大量新技术应运而生，如温室电除雾防病促生技术、温室病害臭氧防治技术、菌房空间电场促蕾防病技术、畜禽舍空气电净化自动防疫技术、土壤电消毒法、多功能静电灭虫灯、LED 补光技术等。在注重绿色、环保、节能、可持续发展的今天，物理农业技术更是焕发着勃勃生机[1]。

（一）概念

物理农业是物理技术和农业生产的有机结合，是传统农业的发展和创新，是将具有生物效应的电、磁、声、光、热、核等物理因子应用于农业生产，通过特定的技术方法处理，从而影响动植物的生长发育及其生活环境，达到增产、优质、抗病、保鲜和高效的目的[2]。物理农业有利于保护生态环境，有益于人体健康和农业可持续发展，经济效益、社会效益非常显著，可帮助传统农业逐步摆脱对化肥、农药及抗生素等化学品的依赖以及自然环境的束缚，最大限度地提高产量，减少农药的使用量，为人类提供绿色、环保和健康的动植物产品[3]。

（二）技术特点

（1）安全性　对农产品的生产与加工进行无害化处理；在农产品生产与保鲜的处理过程中，对环境不产生污染；物理农业的技术设备和产品在应用过程中，不会使农产品的基因产生变异，比生物技术更加安全。

（2）高效性　物理农业的设备和产品，能够大幅度提高农产品的产量，明显提高农产品的品质。

（3）经济性　从目前物理农业技术的设备和产品来看，价格低廉，使用成本低，而增产效果显著，因此具有较好的经济效益。

（4）辅助性　物理农业技术设备和产品在农业生产中的应用，并不能取代传统的耕作、施肥、灌溉等作业。就目前的设备和产品而言，其应用只能起到减少化肥农药的施用量，提高产量和品质的作用。

（5）多样性　由于植物生长机理的复杂性，任何符合植物生长机理的环境因子的强化，都有可能导致植物原来生长状态的改变，从而使植物的生长周期、品质、个体发育发生变化。因此，电、磁、声、光、热、核等物理技术的应用，是多种方式、多个方面的作用[4]。

（三）主要应用

1. 物理防治

物理防治指通过栽培设施创造不利于病虫发生但却有利或无碍于作物生长的生态条件的防治方法。可以通过病虫对温度、湿度或光谱、颜色、声音等的反应能力，用调控以上条件来控制病害发生，杀死、驱避或隔离害虫。

目前，多种物理防治方法已经应用到生产实践。如控制温度、湿度，遏制病菌的生长和侵染，减轻霜霉病、细菌性角斑病、黑心病等；利用太阳能进行高温闷棚可防治多种土传病害及线虫；在大棚或温室中再铺盖地膜、无滴膜，一方面可降低棚室湿度、减轻发病，另一方面可阻止一部分土壤中病菌向植株传染，利用高温处理种子、杀死病菌；利用害虫趋黄的习性，采用黄板、黄盆、黄色诱杀粘纸、粘条诱杀；利用蚜虫对银灰色的忌避习性铺灰色膜或挂条等[5]；利用电离辐射处理害虫的蛹或成虫，可以破坏其生殖细胞，从而使其不能繁育，达到控制和防治病虫害的目的。

2. 物理促控

物理促控指通过物理处理技术，来促进或控制生物体的生长发育。目前，超声波、等离子体、激光/电磁场技术等物理技术在农业中都得到了应用，并取得了较好的效果。如种子磁化处理技术，即在播种前用磁场对种子进行磁化处理，通过物理作用，可提高种子的发芽势、发芽率和种子活力，改善作物的新陈代谢功能，增强其抗病虫害能力，使其稳健生长，以达到作物增产的目的；声波助长技术是根据植物的谐振频率、环境因子和含水量的变化，选择产生相应频率波段的谐振波，从而与植物产生共振，刺激植物的光合作用，促进营养的吸收，加快植物生长，提高其产量和品质[6]。

利用电场、磁场、激光、中子辐射等物理因子对水生生物的刺激作用，可以促进水生生物的生长发育，从而提高其产量和质量。目前，该技术在水产养殖业中得到了一定的应用。华东师范大学的陈家森利用电刺激使银鲫和团头鲂胚胎孵化率提高，且提高了鱼苗放养的成活率[7]；四川农业大学的陈昌钧利用激光辐照，提高了鱼卵的孵化率、成活率和抗病率[8]；浙江省海洋水产研究所采用中子辐照对凡纳滨虾育苗也取得了较好的应用效果[9]。

此外，物理技术在畜牧业中也得到了应用。例如，高压静电场刺激鸡精液提高鸡受精卵的孵化率；激光器照射鸡的内眼角和鸡冠部有效提高鸡的产蛋率；磁化水喂养奶羊提高产奶量；激光照射畜禽所用草料，可使草料更有利于家畜的消化和吸收[10]。

3. 物理肥料

物理肥料是指利用不同波段、不同强度、不同频率的光、声、电、磁作用于植物，不仅能缩短成熟期，大幅度提高产量，改善果实品质，而且能提高作物的抗病能力，对土壤及环境无污染。如河北大学利用作物对光的需求与习性，制成各种单色冷光管，通过光的作用加速植物体内的生化转化，使作物的吸收利用更充分；"399植物生长微电活能"将纳米级半导体材料应用于植物体内，在阳光的光电效应下，使植物的微电流和植物生长环境磁场强度得到提高，从而使得小麦、水稻、地瓜、大豆等作物增产[11]。

4. 其他应用

应用红外遥感、微波遥感等物理技术在农业生产中进行监测、预测。利用红外扫描技术，可以通过扫描仪感知的农作物散发出的热量来判断农作物患病虫害状况，及时准确地进行病虫害防治。微波遥感除具有一般遥感的应用外，依据它对水分状况的敏感程度，可用来估算土壤湿度和植物水分状况。

在农业生产中，利用γ射线、X射线、宇宙射线、中子辐射、离子束等电离辐射和高强度激光、电磁场等物理因子对农作物种子处理，可重组种子的DNA，培育出具有早熟、矮秆、抗病、抗逆、优质及其他特异性状的优良品种。目前，国内外应用辐射、激光及离子束等技术照射农作物种子培育新品种已取得了很大成效。

近年来，物理技术也被用在食品加工与储藏中。利用电、磁、辐射等物理技术处理食品可以起到杀虫、灭菌、消毒、防霉和防腐以及抑制蔬菜、瓜果发芽变质的作用，达到降低农产品产后消耗、延长食品保鲜及保藏时间、提高食品的质量和增进食品卫生等目的[10]。

二、物理农业发展前瞻

用物理技术方法来替代施用化肥和农药的思路，为物理农业的发展提供了有利契机。作为一种新型的农业生产模式，它借助于各种适用于农业生产的物理技术和装备来提高农业生产力和农业生产科技水平，对于改善农业生态环境，促进农业增效、农民增收具有重要的现实意义。物理技术在农业中的应用有着前景广阔，可为解决农业中目前存在的问题提供重要启示和手段，并提供机会与希望，随着农业高新技术的发展及实验物理和应用物理的发展，现代物理学在农业生产中的应用和地位必将得到进一步加强。

（一）发展现代物理农业有助于解决化学农业的弊端

近几年，化肥和农药价格的不断上涨，已经成为我国农业生产总成本上升的主要原因。发展现代物理农业可以减少化肥、农药的使用，可以有效缓解能源危机、环境污染、农资价格上涨等问题带给农业发展、农民增收的压力，有利于我国农业的可持续发展。

（二）发展现代物理农业有助于增强我国农产品市场竞争力

目前，我国农产品总体质量有很大改善，但还不能满足目前国际形势发展的需要，特别是国外技术壁垒、绿色壁垒正在削弱或部分抵消我国传统出口农产品的优势。发展现代物理农业不仅可以提高农作物的产量，而且能够有效提高农产品品质，从而提升我国农产品的市场竞争力。

（三）发展现代物理农业有助于提升我国农业装备水平

近年来，我国农业机械化水平不断提高，装备保有量不断增加，但整体而言我国农业装备科技含量有待提高。以农机化为支撑的现代物理农业，已经开发出一系列先进适用的农业装备。随着现代物理农业装备的进一步发展和应用，现代物理农业这一安全、无污染和高效的生产模式，将成为农业机械化发展的新领域。

（四）发展现代物理农业前景光明

物理农业具有降低能量消耗、改善环境质量和改善品质等优点，在突变育种、种子活化处理、声波助长增产、病虫害防治、增强农作物对光能和肥料利用率、农业预测与估算等方面有着极为重要的作用[12]。物理农业技术与生物工程技术紧密结合会对我国农业产业化的发展带来重大变革，并表现出广阔的发展前景。

第二节　电场生物效应及其特点

高压电场技术属于物理农业的重要技术之一。人类和各种生物赖以生存的地球表面，本身是一个天然的电场，地球电离层相对于地面有 360kV 的正电位，其强度为 130V/m，每秒钟整个地球上大约有 1800C 的正电荷从大气中流入地下，突出于地面的植物正是这 1800A 大气电流的重要通道[13]，长期生长于地球表面的植物，自然静电场的存在已经成为它们生长、发育不可缺少的条件，所以生物体周围电场的变化必然会影响其新陈代谢的过程。高压静电场处理技术作为物理农业的一种新技术，虽然发展和起步较晚，但由于它契合着生态农业、物理农业的潮流，处理手段简单、有效、省时、低耗、无环境污染和广泛适用，展现着强大的生命力，成为农业领域应用和研究的新热点，越来越受到农学家的追捧和农业从业者的重视。

一、电场的产生和种类

静电生物效应就是研究静电场对生物体（包括动物、植物、微生物）所产生的影响。将市电 220V 的电压升高整流，再通过高压电缆、保护电阻等加到电晕线或金属板上，这样就形成了高压电场。

高压电场有交变电场和静电场，交变电场是电场强度为交变量的电场；静电场指由静止电荷激发的电场，它又分为非匀强电场和匀强电场。电晕线电场属于非匀强电场，通过调整电晕线与金属板或两金属板之间的距离来控制电场强度的大小，非匀强电场主要是通过高电压电离空气产生的空气离子和臭氧发挥作用。由两块平行金属板作电极组成的电场是匀强电场，匀强电场可忽略边缘效应[14]。

二、电场生物效应特点及影响因素

（一）电场生物效应特点

1. 剂量不等性

剂量是电场生物效应研究的一个重要的、先决性的基础问题[13]，在描述某种生物学效应的电场作用条件时，电场强度和作用时间是首先需要解决的问题。剂量的计算公式为：剂量＝场强×作用时间，剂量不同，生物效应也不同。大量实验结果表明：相同的生物，施以不同剂量的电场，产生的效果各异；不同的生物，施以相同剂量的电场，产生的效果也不同。通过测量种子发芽率、发芽速度和幼苗株重等，研究电场处理种子的生物效应与电场强度的关系，发现生物效应与外电场作用呈非单调型（振荡）关系[14]。利用生物系统超弱光子辐射研究最佳电场剂量，得出大麦种子的最佳电场剂量为 4.5kV/cm×40min，小麦种子为 4.5kV/cm×10min。通过生物指标的检测总结出最佳电场剂量的数据范围是：白菜、油菜、萝卜等小颗粒种子为 30kV/cm×5min[15]。因此，对于不同的作物种子，最佳剂量也不同，所以在进行电场技术应用时，一定要正确选取电场剂量。

2. 参数多元性

生物体是一个特殊的电场等势体，具有较为复杂的生理特性，因此不同的生物体施予相同的电场作用产生的效果也是不同的。它不仅受生物自身的生理生化、电磁特性等因素的影响，还要受诸多外界因素的影响，仅仅以场强和作用时间来反映生物受刺激程度是不够的，还要考虑生物体自身品种、种类、含水量以及周围环境中的温度、湿度等生物生长的自然条件和自然环境电磁场的大小及生物体放置的方向等。所以，影响生物体的参数很多，外加电场条件对生物体的影响是多元性的，是生物内外因素的综合作用结果，因此，在研究电场生物效应时，需要控制好实验条件。

3. 多向性及阈值

大自然电磁场具有方向性，南为 S 极，北为 N 极。因此，生物生长也要受到方向性的影响，比如，进行冬小麦种植时，种子沿南北向播种根系南北朝向占 73.40%，东西向播种根系南北朝向占 71.10%[16]。生物在受到电场作用时，正负电场的作用效果均不一样。有人将黄矮豆用 -0.60 kV/cm 电场处理可增产 30%，小于 1kV/m 电场均有增产作用。电场对君子兰的影响研究发现，正负电场都具有增产作用[17]，由此可知，不同的生物对象对电场的方向性要求不一样，即呈现多方向性。电场对生物的影响，可归纳为三种形式，即促进、抑制和无变化（可称为中性）。在一定条件（如电场剂量）下，三者又可相互转化，从中性到促进的临界场强叫下阈值，从促进到抑制的临界场强叫上阈值。在不同的阈值下，生物效应不同。

4. 阶段性

生物体生长发育具有阶段性，一般在幼小时生长发育较快，到中后阶段生长发育缓慢。生长发育的不同时期，电场作用的生物效应也不同，如 400～600kV/m 的静电场对双桑蚕卵的孵化率和三龄前的呼吸强度有显著的影响[18]，但对蚕发育后期的各项指标，影响不大。对鸡胚的研究发现，在孵化期的前 15 天，其胚胎器官重量实验组明显高于对照组，而孵育晚期变化则不明显。小鼠在细胞期经静电场处理，能显著提高胚胎的发育能力，不同胚胎期细胞对电刺激的敏感性不同[19]，在生命过程中静电场的生物效应也随生物体的生长发育而变化，即呈现出明显的阶段性。

5. 消退效应

植物种子经适宜电场处理后，性质优化，效果显著，但是随着时间推移，影响会逐渐减弱乃至消失[20]。因此，经电场处理后的种子一般要在一定的时间内播种，否则效果会变差或甚至消失。

（二）影响电场生物效应的主要因素

1. 种子类别

种子种类不同，在同一电场剂量下的生物效应不同；同一种类的种子，不同品种，同一电场剂量，其生物效应也可能不同。已有研究表明，作物种类和品种是影响电场处理生物效应的重要因素，因此，在相同的电场处理设备、处理剂量和环境条件下，处理不同作物种子，产生的生物效应也会有差异[21]。

2. 种子状态

种子存在状态也是影响电场处理生物效应的因素之一。种子状态包括种子的颗粒大小、含水量、饱满程度、萌发活力及种子的新陈代谢等。若种子受到损伤，导致活力低，电场处理对其萌发活力的提高影响甚微；若种子本身活力较高，电场处理对其萌发活力的提高效果也不明显。此外，种子干湿程度、饱满程度、是否成熟也都会影响到种子的电场处理效果。因此，高压电场处理种子时，一定要考虑种子的状态对其处理效果的影响[22]。

3. 电场类型

电场的类型一般分为高压静电场、单向电晕场、低频电流场等不同类型的电场，不同电场类型也是造成电场处理效应差异的重要因素。已有研究表明，用交流电场处理番茄种子，当处理时间高于 60s 会对发芽产生抑制作用[23]；高频电场处理洋葱种子，会对其发芽率、根细胞有丝分裂的速度和数量都产生影响[24]；不均匀极低频电场处理番茄种子，会促进其发芽率、活力指数，以及提高种子幼苗的生长速度[25]；脉冲电场处理菜籽，可提高菜籽油的产量[26]；适宜低频电场处理唐古特大黄种子，处理组和对照组相比，发芽势和发芽率分别提高 14.7%、11.3%，根长提高了 0.6cm[27]；电晕场处理棉纤维素，可控制硝酸纤维素（NC）的黏度[28]；芒刺电晕场处理水稻种子，促进了种子的萌发活力[29]。因此，电场处理中，在选择合适的电场类型基础上，优选电场处理条件非常重要。

三、电场对生物的影响

高压电场产生的电生物效应研究始于 18 世纪，在研究蛙肌的静电性质时发现了生物电现象。19 世纪 60 年代，开始对电场生物学效应进行系统而深入的研究，MurrL 与 Sidaway 曾分别研究了电场对植物细胞伤害和植物呼吸强度的影响[30]。20 世纪 80 年代，Li 用静电场精选燕麦种子时，发现提高了种子的发芽势，缩短了发芽时间[31]。1994 年，Tong 等报道了生物膜 ATP 酶能够从规则的交变电场中吸收自由能并做功[32]。多年来，电场生物效应广泛应用于农业、林业、牧业、医药业。

国内从事电场生物效应研究起步较早的是北京大学，早在 1958 年，他们就开始用电场、磁场作为刺激源处理农业生物活体，如种子、幼苗等。从 20 世纪 70 年代末期开始大范围研究电场生物效应。进入 20 世纪 80 年代，我国的研究人员在研究电场对植物的影响方面做了大量工作，取得了很多成果，并引起了国内外同行的关注[33]。国内外的科学工作者对大麦、雀麦、玉米、水稻、棉花、油菜、油葵、番茄、黄瓜、甜瓜、南瓜、苜蓿等农作物以及蔬菜、牧草、花卉、林木等 20 多个不同品种的种子用电场进行处理，研究了电场对种子活力、种子萌发、幼苗生长、植株发育形状、产量、质量的影响，同时也研究了电场对酶活性、生理、生化过程的影响以及植物静电生物效应的机理，发现其在提高种子发芽率、抑制种子退化、缩短植物生长周期、增加产量、控制花期以及增强植物的抗逆性方面有显著的效果[33-35]。20 世纪 90 年代，我国的科研人员就有关生物系统对外电场的响应规律及特点进行了研究，取得了重要的成果[36]，逐渐了解到电场生物效应首先是由电场引起生物体内组成物质分子的物理、物理化学和化学的原发效应，从而形成一个综合的后系列效应。目前，电场处理种子提高产、质量的研究成果，部分已应用到生产实践中。如内蒙古大学曾做过的静电场处理甜菜种子提高产量质量技术研究已从我国四大甜菜产区（内蒙古、吉林、黑龙江、新疆）推广到辽宁、甘肃、宁夏等省自治区，截至 2000 年，累计推广面积 450 万亩，创造了较好的经济效益。

目前，电场在农业中的研究最早与最广的就是用电场处理植物种子，探索对种子萌发和幼苗生长的影响。同时，电场对植物器官和代谢功能的影响也引起了人们的关注，如电场对植物酶活性的影响和生物膜的影响，电场对植物呼吸强度和光合器官和功能的影响，电场对植物愈伤组织诱导和增殖的影响等方面的研究也方兴未艾。虽然人们已经通过电场开展静电选种、空间电场防病促生、静电喷雾施药、电场涂敷保鲜等方面的工作，但是，人们对于电场生物效应的具体物理、化学过程，电场对生物体影响的作用机理，目前了解得还不是很充分，这类研究已成为该领域目前重要的研究内容，也是正待解决的问题。

（一）电场对动物的影响

一些研究表明，用电场处理动物后，能引起动物体重增加和抑制肉瘤细胞和癌细胞增加的效果。甘平等人采用四种不同电场（正高压静电场、负高压静电场、正高压静电离子场和负高压静电离子场）处理小白鼠时发现，正高压静电场对小鼠的生长有明显促进作用[37]。叶家明等人研究发现，适宜静电处理可有效抑制肉瘤细胞的生长。造成这种结果的原因可能是肿瘤细胞膜的介电常数比正常细胞膜高，肿瘤细胞质的电导率比正常细胞质高，使得电场处理对肿瘤细胞抑制更为有效[38]。孙迎春等研究也论证了电场处理会抑制细胞增殖[39]。

（二）电场对植物的影响

20世纪80年代以来，科研工作者用电场对大麦、雀麦、玉米、人参、苜蓿、油葵、番茄、黄瓜、甜瓜、南瓜、水稻、棉花、牧草、花卉、林木等几十种植物进行处理，研究电场处理对植物生长期发育的影响，并探索其产生变化的机理[30,40-46]。

1. 电场对种子萌发效应的影响

发芽势、发芽率、根长、芽长、鲜重、发芽指数、活力指数等指标是种子萌发效果的主要参考指标，多用来作为电场对种子萌发效应的影响指标。曹永军等利用电磁场预处理大豆种子后发现，与对照组相比，种子发芽率、活力指数和幼苗生长、光合速率等指标都有显著提高[17]。大量研究表明，适宜电场处理会增强种子内细胞呼吸代谢及酶的活化，促进萌发过程中种子内部贮藏物质的分解、转化和再利用，从而提高种子活力，促进幼苗生长。

发芽率、发芽势大小在一定程度上反映了种子的播种质量，尤其在外界不良环境条件下，发芽率和发芽势高的种子可减少种子的播量，保证作物的产量。杨体强对花葵种子进行盐胁迫后用电场处理，种子发芽率相对提高18.44%[42]。邓红梅等利用高压静电场处理干、湿黄瓜种子，结果表明处理后种子的发芽势、发芽指数、平均鲜质量及活力指数均高于对照组，其中湿种子活力指数增加了21.02%，干种子活力指数增加了14.19%[18]。适宜的电场处理作物种子后，其影响效应首先表现在发芽率、发芽势的提高。

发芽指数、活力指数是衡量作物种子萌发活力的两个重要指标。活力指数用发芽指数与幼苗干重或幼苗长度的乘积来表示，是用来评价种子发芽速率和幼苗健壮程度的指标。王清元等用高压静电场处理水稻种子时，筛选出适宜的电场处理条件为电场强度 200kV/m、300kV/m，处理时间 10min、15min，种子的发芽率、发芽指数、活力指数均显著高于对照组[43]。殷涌光用高压脉冲电场处理辣椒陈种子后，发芽势、发芽率、发芽指数、活力指数及生理生化等指标均显著高于对照组[44]。孙迎春等用高压芒刺静电场预处理大豆种子后，与对照组相比，种子活力指数提高了 63.39%，说明适宜静电处理可促进种子萌发[45]。以上研究可得出，电场处理种子可加快种子萌发，提高种子活力。

根长、苗高、根条数、植株重是衡量植株健壮程度的直观指标。一般情况下，种子活力与植株健壮程度呈正相关关系。白希尧利用适宜的静电场预处理种子后，主茎高度、叶片厚度、根系长度和重量都有所增加，侧枝数量也出现增多，在幼苗期的生长呈现上升趋势[46]。孙迎春等用高压芒刺静电场预处理大豆种子后，与对照组相比，处理组的芽长均有提高，表明电场处理会刺激幼苗的快速生长[45]。王淑惠用电场处理小麦种子后，幼苗鲜重、干重分别增加 67%、63%[40]。蔡兴旺等用高压静电场处理茄子后，与对照组相比，根长、苗高、茎粗、叶面积、鲜重、干重、干鲜比、根冠分别提高 19.6%、8.8%、4.7%、8.6%、14.4%、21.4%、7.3%、4.3%，表明高压静电场处理可刺激幼苗生长[47]。Radhakrishnan 等人利用脉冲电磁场处理大豆种子后，植株的生长速度和产量都有提高[48]。总之，适当的电场处理可显著提高种子活力，刺激种子的萌发和幼苗的生长，达到苗壮、苗齐的目的。

2. 电场处理对种子代谢酶、保护酶系活性的影响

细胞膜及 DNA 的完整性是种子保持活力的基础，种子的生理生化反应与细胞膜的结构和功能及酶活性密切相关。Aladjadjiyan 等人研究发现，电场处理作物种子后，引起种子内部发生极化，使细胞内的糖类、蛋白质、脂类和金属离子发生规律性重排，并造成金属酶构象的变化，直接导致脱氢酶、α-淀粉酶等代谢酶和超氧物歧化酶（SOD）、过氧化物酶（POD）、过氧化氢酶（CAT）等保护酶被激活。植物种子的呼吸速率、酶活性能有效反映其代谢强度，对种子萌发至关重要，电场处理刺激种子细胞内酶活性提高，有效增强植物种子生长过程中对营养物质吸收和能量物质的转化利用[49]。

种子电导率是细胞膜完整程度的反映，电导率越大细胞膜完整性越差，说明细胞的受损程度越严重，电导率越小表明细胞膜的完整性越好，细胞的自我修复能力越强。谢菊芳等利用适宜的静电场处理豌豆幼苗后，豌豆幼苗的电导率显著低于对照，表明静电处理有利于豌豆细胞膜系统的修复和完善[50]。

蔡兴旺等利用高压静电场处理茄子种子后，与对照相比，茄子的电导率降低11％，表明细胞膜的完整性得到了提高。有研究指出，浸出液电导率或相对电导率的下降除了与膜系统的修复有关，还与膜电位改变有关。

研究认为，利用适宜的电场条件处理种子，会有效激活相关代谢酶、保护酶系，促进物质的分解、转运、利用以及种子内部的各种贮藏物质由休眠状态向活跃状态的转变。吴旭红等利用不同高压静电场处理南瓜种子后，种子的呼吸强度分别提高了68.3％、78.5％、92.1％，蛋白质含量也显著提高，表明电场处理促进了种子呼吸作用和新陈代谢，加速了种子对内部蛋白质的转化和利用[51]。韩德恩等人试验结果表明，在静电场处理下，种子内部所携带的遗传信息被诱导或启动，从而提高了淀粉酶、过氧化物酶、脱氧酶的活性[52]。Vashisth等人研究了向日葵种子在两种不同场强处理条件下的酶活性变化，发现萌发48h后的α-淀粉酶活性分别提高了43％、41％，萌发42h后脱氢酶活性提高12％、27％，萌发24h后可溶性蛋白含量分别提高22％、15％[53]。Pourakbar等人利用适宜电磁场处理洋甘菊种子后，可溶性蛋白含量、α-淀粉酶活性、脱氢酶活性都较对照显著提高[54]。

SOD、POD、CAT是清除生物体内活性氧和自由基的三大保护酶，其活性的提高，可以减少活性氧的积累，减轻膜脂过氧化引起的膜损伤，使膜结构和功能得到恢复，保证膜系统的完整性。杨体强等研究了油葵种子在三种不同的水分胁迫下，被电场处理后保护酶活性的变化情况，得出POD活性分别较对照提高20.0％、19.0％、20.1％，SOD活性较对照分别提高25.1％、27.5％、20.4％，表明经电场处理种子后，可有效减轻膜脂过氧化作用，膜系统修复能力得到增强[55]。陈信等利用适宜电场处理水稻幼苗后，α-淀粉酶、总淀粉酶、POD和CAT活性都显著提高，说明种子淀粉的转化能力及贮藏物质的分解能力得到了有效提高，这利于水稻幼苗的生长发育[56]。Turgay等人分析了静电场及电磁场处理葱叶后，非原质体及共质体的抗氧化系统的变化，也得出电场处理可以有效提高各种保护酶的活性，减轻膜脂过氧化，保护膜系统[57]。

3. 电场对种子呼吸强度的影响

用适宜的静电场处理种子后，会促使种子内部酶活性变化，从而加速种子内的生理生化反应，加快种子的呼吸强度。一方面，电场处理种子，会导致淀粉酶活性提高，而淀粉酶会促进淀粉的水解，加快糖酵解及有氧呼吸速度；另一方面，脱氢酶活性的提高，也促进了种子的呼吸。这也是种子在静电场处理后发芽率、发芽势提高的原因[58]。

4. 电场对植株生物效应的影响

已有研究表明，把植株置于电场环境中，并施以不同强度的高压电场，植株的生长发育会受到显著的影响。邓鸿模等用高压电场处理芹菜、韭菜、生菜、油菜等蔬菜幼苗后，与对照相比，其成熟期缩短，产量提高；处理花卉后，发现正负电场对花卉的花期有不同的影响，正电场促进开花，负电场抑制开花[59]。

5. 电场对植物器官组织的影响

电场处理能提高植物愈伤组织分化率，影响植物器官组织的发育。李一等研究指出，电场处理籼稻花药后，其分化率明显提高，解决了提高顽拗型籼稻花培效率的国际性难题[60]。石贵玉、马福荣、赵剑等用高压静电场处理草莓、海棠、烟草、银杏的愈伤组织后，发现这些植物的生长速率明显加快，电场处理还促进了烟草根的分化[61-64]。叶家明等证实，高强度的静电场可使蚕豆、黑麦发生染色体畸变。这些研究表明静电场可明显地影响细胞的生命活动，这可能是刺激细胞增殖的直接原因。RNA 水解酶活性在旺盛生长期一直在降低，而后在静止期才开始上升，这一趋势与愈伤组织增殖相一致，也和可溶性蛋白含量的变化趋势大致相同[65]。袁朝兴、王建华等用静电场处理的愈伤组织中 IAA 氧化酶活性显著低于对照组，表明细胞内源激素 IAA 水平较高，细胞生长加快；而对照组 IAA 氧化酶活性则较高[66-67]。

6. 电场对植物光合作用的影响

已有研究认为，电场处理对植物光合作用的影响表现为植物光合器官能力的提高。电场作用一方面会刺激叶片光合色素的合成和光合酶的活化；另一方面也会改善光合器官的光合能力，如叶片增厚，叶绿素含量提高，叶绿体基粒数及类囊体片层数增加等。植物的这些变化都会引起其净光合速率的增加，正是由于静电场处理后引起植物净光合速率的增加，导致光合产物的增加，光合产物的转化和利用使植物的生长速率加快，生物量增加，最后促进了高等植物的生长发育和器官形成[68]。

7. 电场对植物抗逆性的影响

大量研究表明，电场处理会提高植物的抗逆性[34,40]，提高植物组织细胞的渗透调节物质如脯氨酸、可溶性糖、K^+ 等含量，同时植物体内的 SOD、POD、CAT 等保护酶活性也会显著提高，从而降低膜脂过氧化引起的膜伤害，提高植物的保水能力和植物组织对逆境条件的适应和抗逆能力。

（三）电场对微生物的影响

电场处理也会对微生物、病菌等产生作用[69]。王锡录等人研究了脉冲放电等离子体的灭菌效果和机理，它采用两种灭菌方法，探讨了细菌细胞膜上的不可逆击穿是由脉冲放电等离子体引起的[70]。利用电晕场处理志贺菌、金黄色葡萄球菌，发现这种电场处理的杀菌效果可以达到 100%，可用于食品和果蔬的保鲜、消毒和灭菌。罗莹利用直流高压静电场处理大肠杆菌，研究其杀菌效果，结果表明，直流高压静电场可以有效杀死大肠杆菌，而适宜的高压静电场处理，可以使大肠杆菌的致死率达 98.7%[71]。也有人利用高压脉冲电场研究在模拟体系和苹果汁、番茄汁、橙汁、牛乳、蛋清液等实际食品体系中，对食品风味的影响和对各种致病菌和非致病菌的杀灭效果，结果发现，物料的密度越高，电导率和黏度越低，杀菌效果越好[72]。高压脉冲电场能够降低菌体数量 4～6 个对数级，并且经过处理后，一般可使货架期延长 4～6 周以上。此外，研究还发现，影响高压脉冲电场杀菌效果的因素还包括介质的电导率、菌落种数和数量等[73]。

四、电场生物效应机理研究

（一）物理微观模型解释

近几十年来，高压电场生物效应作为在物理农业上的热门课题越来越受到人们的重视，其在农业中的应用已取得一定的成果，且正在逐步扩大其应用范围。但作为跨生物和物理电场两个领域的新课题，对它的研究也受到了专业的限制。目前，人们还不能够通过已有理论对高压静电场产生的一些生物学效应进行分析和解释，只能根据大量的生化检测与实验结论来研究其作用和机理。虽然，生物学者对电场作用机理已经有了一定程度的认识，但尚不够深入。物理微观解析模型的建立对认识电场作用微观机理有重要的意义，但由于理想化的物理模型与复杂的生物实体相差甚远。因此，只有物理、生物、化学学者的通力合作，才能取得其微观作用机理的突破性进展。当前，对其作用机理的物理微观模型研究主要存在以下几个理论[74]：

1. 介质极化微观理论

细胞膜的基本结构是一个磷脂双分子层，膜上脂质分子呈不对称性分布，膜内外存在一个跨膜电压，跨膜电压的大小取决于膜上带电荷脂质分子的解离状态。那日等人在此基础上建立了物理微观解析模型：假设细胞膜内外两表面上电荷分子呈均匀分布，在双分子层中间认为无离子存在，并由此得出，电场通过作用于蛋白质分子中的束缚电荷使其产生取向极化，同时使各种载流子产生定向运动，达到平衡时，膜内电荷重新分布，与外加电场相互作用产生新的内电场，使细胞膜电容量增加，外加静电场使膜两侧出现附加电荷，膜两侧电荷密度的改变引起脂质极性端基侧向移动，引起烃链倾斜弯曲，产生相变，膜的功能得到修复，从而提高种子细胞膜的自修复能力[75]。

2. 一维自由谐振子能级理论

高压静电场是一个综合效应场，它不仅具有恒定电场的作用，而且具有电磁辐射和粒子束的作用。张灿邦等人就电场作用对 DNA 分子能级变化也做出了物理微观解析模型：此模型将 DNA 分子中相邻的两个原子视为一维的自由谐振子，并得出加电场后，谐振子每一能级的能量本征值均下降一个常量值，使 DNA 分子中的某些键能的能级降低，能级跃迁概率增大有利于种子对能量的吸收，虽然电场没有改变 DNA 分子的构象，但能量的增加加快种子中物质的合成和运输，进一步提高了种子的生物活性[76]。

3. 势垒贯穿

生物体中的许多生理生化过程需要通过电子的转移来完成，电子的转移需要一定的能量，对于一些需要跨过生物膜的电子的转移会受到内外膜电势差的影响。正常情况下，细胞膜内外维持有静息跨膜电位差，从而形成势垒。外电场发生变化，膜上产生的附加电压与静息跨膜电压相叠加，使势垒发生变化。电子穿透膜的能量主要来自跨膜的电场能和热运动能。依量子力学的观点，电子的迁移是通过"隧道效应"进行的。当具有能量的粒子与具有能量的势垒碰撞时，一部分被反射，另一部分穿过势垒。势垒能量的大小影响着粒子跨膜传递，而势垒能量又受外加高压电场的影响，所以外加电场会影响到细胞膜通透性，施加适当高压电场就能提高种子活力或促进植物生长发育[77]。

4. 离子响应

电流生物体内含有许多带电荷的离子和分子，当植物体存在于一定电场时，这些粒子就会发生定向移动，所有细胞内粒子的定向移动在植物体内便形成响应电流。该电流的产生微观物理模型为：在空间气体、栽培基质、植物体本身的电学参数不变情况下，空间电场的变化会引起植物体内粒子的重新分布，进而影响植物对肥料离子的吸收和运输。选择特定的空间电场强度就能对植物的吸收、同化物的运输以及多种生理活动进行调控，促进植物的生长，防治植物的各种缺素症。但是目前的试验结果只证明电场的变化可以调控植物体内 Ca^{2+} 和 HCO_3^- 的分布及其运输方向，其它离子还未得到证实[78]。

5. 水分子极化理论

对于高压静电场对果蔬保鲜的作用机理，物理学工作者也做出了相应的微观物理解析。物理学者认为：果蔬内含有大量的水分子和带电荷的生物大分子，它们呈不对称分布。在外加高压静电电场的作用下，分子电荷的分布发生变化，使果蔬中的束缚电荷发生以下四种极化方式：一是电子极化；二是原子或离子极化，即原子和没有离解的正负离子在电场中发生位移；三是偶极子转向或热离子极化；四是空间电荷极化。在果蔬中水分的含量占 80%～90%，水本身是具有一定分子团结构的液体，并且这种依靠氢键结合而成的结构并非固定不变。目前认为，水分子与水分子之间总是处于一种不停聚合成大分子团和解聚为小分子团的动态平衡之中。果蔬内水分子（极性）在外电场的作用下形成偶极子产生定向转动或移动，这种运动有可能打破原有的动态平衡，使水分子结构发生变化，从而引起能量的转移，并得出外电场的作用使果蔬内能量分布发生变化，引起细胞膜对离子的通透性发生变化，膜电势消失或降低，或者发生极性反转，在适宜的外电场下各种生理活动受到抑制，从而延长了果蔬的贮藏期。另外，水在生物体内充当一切生理生化反应的良好溶剂和介质，在外加高压静电场的作用，引起水结构和酶自身的高级结构以及水与酶结合状态的变化，酶的活性与酶分子的构象和所处的环境因素密切相关，在特定电场的作用下，就会使酶的活性降低，各种代谢受阻，呼吸强度减弱，从而降低了营养成分的消耗和水分的损失，延长了果蔬的贮藏期[79]。

总之，虽然无论从生物方面还是物理方面，对电场生物学效应微观机理均有一定的研究，但确切的微观机理现在尚不清楚。所以，电生物效应的微观机理需要开展更深入的探讨。

（二）电场处理对生物体细胞结构和代谢的影响

1. 植物体内酶构象改变，激活其活性

目前，电场对酶活性的影响机理尚不太明确。郭维生等认为，电场处理不能改变酶的一级结构，而是通过改变其高级结构使酶活性发生改变[80]。牟波

佳在用 $200 \sim 300 kV/m$ 的高压静电场处理体外过氧化氢酶后，发现适宜的处理时间可显著提高酶活性，但对酶构象影响不大[81]。

2. 细胞内水结构和状态发生变化

有研究表明，种子经高压静电场处理后，会产生大量超氧阴离子自由基，导致种子中自由基含量与对照相比，出现大幅增加，这些超氧阴离子自由基会促进生物膜透性增加，小分子和无机离子渗入膜内，促使种子提早萌发；还会激活膜上的腺苷酸环化酶，引起基因活化，加速各种酶的合成，从而加快物质代谢和生长[82]。Seiichiro Isobe 用电场处理干牵牛花种子发现，其细胞中含有不同的弛豫时间（T_1）和化学位移的水分子片段，研究表明电场处理会限制种子中的水在细胞中的流动，使种子的新陈代谢活动降低，同时，水的积累还会损伤细胞膜，降低种子发芽率[83]。

3. 电场处理对细胞膜的透性影响

目前，电场处理对细胞膜的透性的影响存在着两种截然不同的认识，有的认为电场处理会降低细胞膜的透性，促进膜系统的修复和功能的完善；也有的认为，电场处理会刺激种子中自由基含量的提高，增大膜透性，从而有利于营养物质的渗透，促进种子的代谢活动[84]。

4. 电场处理对同工酶和遗传变异的影响

张汝民、王莘等研究了电场处理对柠条、月见草等种子萌发过程中 DNA 和同工酶活性的影响，认为电场处理可提高 RNA 的转录、酯酶同工酶、POD 同工酶的活性，但李一等用电场处理水稻陈种子后酯酶同工酶并没发生变化。也有研究表明，静电处理同射线诱导效果相似，会引起作物在遗传变异上的不同，可利用其进行遗传育种方面的研究。

5. 电场处理对细胞结构的影响

电场处理对细胞结构的影响近年来出现一些报道，有的研究认为电场处理能改善细胞中叶绿体结构，促进光合器官的形成和发育；也有研究认为，电场处理会对动物的细胞器产生作用，使其裂解。目前，一些研究已经在电场处理对肿瘤细胞结构的破坏方面取得了一些成果[85]。

6. 电场处理促进植物的代谢和对矿质元素的吸收

大量文献报道，电场处理植物根系能增加其活力，促进根对离子的交换吸收；电场处理也有利于促进植物的新陈代谢和能量转化[86]。目前，电场处理促进植物代谢能力方面的研究工作尚在进行中，其机理也有待探明。

第三节 高压电场在农业中的应用及推广

一、利用电场预处理种子，提高种子活力

利用适宜剂量的高压电场处理植物的种子，提高种子活力是高压电场技术在农业领域中最早且涉及范围最广的应用研究。从已有研究来看，涉及的植物有经济作物、大田作物、药用植物、蔬菜、水果、树木等。二十世纪五六十年代国外就开始研究，我国从七八十年代开始，研究了小麦、水稻、玉米、谷子、西葫芦、黄瓜、茄子、青椒、胡萝卜、油菜、花生、芝麻等 20 多个不同种类的种子电场处理效应，研究表明，在一定电场剂量下，高压电场能有效促进种子的萌发，提高种子活力，同时提高种子的呼吸强度、根系活力，经适宜电场处理的种子萌发后，禾苗整齐粗壮，抗逆境的能力强，长势良好。虽然，目前对于电场生物效应机理的研究还较为肤浅，不太全面和系统，但电场处理种子的研究已日趋成为物理农业的研究热点，也取得了许多成果。如南京农业大学的康敏等人采用 10kV/cm 的正静电场处理番茄及小青菜，使番茄出苗数增加 30％，产量增加 99.1％，小青菜出苗数增加 33.4％，产量增加 18.3％。内蒙古大学静电研究室用静电处理甜菜种子，经过十年实验已大面积推广，平均提高甜菜含糖 0.6°Bx，亩产量提高百分之七左右，已创经济效益超亿元[10]。

二、利用电场电学特性分选种子

由于种子的品质不同，会引起其所带电荷的电性和电荷量的不同，在同一电场条件下，会使其受到不同的电场作用力，这样，不同品质种子因受到电场作用力不同而使其产生不同的位移，从而使不同种子分开。虽然，电场分选种子省时、省力，但该方法存在一定局限性，一些与生物体电学特性相近的杂质因位移相近，难以分选出来，因此，在电场分选种子时，需要与其它选种方法结合使用[10]。

三、利用空间电场促进植株生长

所谓空间电场是在植株生长区域上方，人为用绝缘支架架设高度可以调节

的用细金属丝构成的屏网，高压电场发生器产生的高压通过电缆线与屏网，零线接地，使植株处于高压电场中，通过电场调节，调控植物的吸收、同化物的运输、光合作用等多种生理活动，促进植株生长。已有研究表明，该装置不仅能有效促进植株的生长，而且有一定的防病效果。如山东寿光在黄瓜生产上的使用，能有效防治白粉病，且促进黄瓜的生长发育，有助于蔬菜的无公害生产；经 100kV/m 电场处理的芹菜、韭菜、生菜、油菜成熟期分别比对照缩短8％、8.3％、17％、36％，产量大幅度提高；电场处理后的花卉开花时间发生变化，正电场促进植物生长，可促使花卉花期提前，而负高压静电场则推迟开花时间[47]。

用高压静电场处理植物愈伤组织是电场影响植物生长的另一个应用。研究表明，经高压静电场处理后，草莓、海棠、烟草、银杏愈伤组织生长速率提高，根的分化速率加快[67]。

四、利用静电场进行果蔬保鲜贮藏

高压静电场保鲜是一种无污染的物理保鲜方法，它是利用静电效应调节生物体的代谢过程。静电保鲜技术具有设备简单、成本低廉、能耗少及保鲜效果好等优点，发展前景研究被十分看好。研究表明，高压静电场处理果蔬，能抑制贮藏过程中的水分损失，降低呼吸强度，推迟锈斑、呼吸高峰的出现以及果皮的老化，有效延缓果蔬的衰老代谢速度。国内有关高压静电场处理果蔬保鲜则有许多研究。李里特等研究了高压静电场处理对果实腐烂指数、失重率、果实硬度、可溶性固形物含量、维生素 C 含量、呼吸速率的影响，对一些果蔬，如草莓、鸭梨、黄瓜、豇豆、青椒、冬枣、桃等的高压静电场保鲜贮藏实验均得到了明显效果，能有效延长保鲜期、降低腐烂率、保持硬度和果蔬鲜美味道[78]。

参考文献

［1］　刘清之，方田根.物理农业在农业生产中的广泛应用［J］.现代农业，2017（6）：6.

［2］　韩大鹏.物理农业技术在现代农业中的发展趋势［J］.农业工程技术，2010（10）：27-88.

［3］　朱宪良.物理农业技术推广发展的思考［J］.农业工程，2012，2（s1）：57-58.

［4］　胡伟，宋樱.发展现代物理农业的意义［J］.农机科技推广，2010（4）：13-14.

［5］　曲波，李宝聚，范海延，等.物理因子诱导植物抗病性研究进展［J］.沈阳农业大学学报，2003，34（2）：142-146.

［6］　杨红兵，丁为民，陈坤杰，等.超声技术在农业上的应用现状与前景［J］.农机化研究，2004（1）：202-204.

［7］　陈家森，万东辉，叶士璟，等.鱼类胚胎期的物理刺激对其后期生长速度影响的初步研究［J］.自然杂志，1989（10）：769-772+734.

［8］　陈昌钧，王瑞峰，曾贤栋.低功率CO_2激光、TDP及其它红外辐射对鱼类生长发育影响的研究［J］.四川农业大学学报，1993（1）：113-118.

［9］　刘天密，杨明秋，刘维.中子辐照技术在凡纳滨对虾育苗中的应用［C］//全国海水养殖学术研讨会.中国水产学会，浙江海洋学院，浙江省海洋水产研究所，2008.

［10］　白亚乡，胡玉才，迟建卫.物理技术在农业生产中的应用进展［J］.沈阳农业大学学报，2003，34（3）：232-235.

［11］　杨亮，陈芳.浅谈光学肥料农业生产上的应用［J］.热带林业，2004，32（4）：41-42.

［12］　刘娜.现代物理农业技术应用及前景［J］.新农业，2013（19）：12-13.

［13］　杨体强，李金梅，陈燕.作物种子的电生物效应与电场强度关系的研究［J］.内蒙古大学学报（自然科学版），1997，28（6）：778-780.

［14］　梁运章.静电生物效应及其应用［J］.物理，1995（1）：39-42.

［15］　胡玉才，袁泉，陈奎孚.农业生物的电磁环境效应研究综述［J］.农业工程学报，1999，15（2）：15-20.

［16］　林克椿.生物物理学［M］.武汉：华中师范大学出版社，1987.

［17］　曹永军，习岗，杨初平，等.不同电场对大豆种子萌发的影响［J］.应用与环境生物学报，2004，10（6）：691-694.

［18］　邓红梅，韩寒冰，毕方钦，等.高压静电场处理干湿黄瓜种子的生物效应及机理［J］.农机化研究，2006（6）：153-159.

［19］　杨体强，高雄，侯建华，等.电场处理油葵种子对其萌发期水分胁迫敏感性的影响［J］.中国油料作物学报，2005，27（4）：45-49.

［20］　韩德恩.静电场处理植物种子和植株的效应［J］.湖北农业科学，1999（5）：26-27.

［21］　张春庆，金锡奎，周荣清.单向电晕场处理对蔬菜种子活力的影响［J］.种子，1990，60（6）：41-43.

［22］　谭敏.电晕场处理对水稻种子活力的影响及生理机制的研究［D］.泰安：山东农业大学，2014.

［23］　Moon J D, Chung H S. Acceleration of germination of tomato seed by applying AC electric and magnetic fields［J］.Journal of Electrostatics, 2000, 48（2）：103-114.

［24］　Tkaleca M, Malari K, Pavlica M, et al. Effects of radio frequency electromagnetic fields on seed germination and root meristematic cells of Allium cepa L［J］.Mutation Research, 2009, 672（2）：76-81.

［25］　Souza A D, Sueiro L, Garcí a D, et al. Extremely low frequency non-uniform magnetic fields improve tomato seed germination and early seedling growth［J］.Seed Science & Technology, 2010, 38（1）：61-72.

［26］　Eitken A, Turan M. Alternating magnetic field effects on yield and plant nutrient element composition of strawberry（Fragaria x ananassa cv. camarosa）［J］.Acta Agriculturae Scandinavica Section B-Soil&Plant Science, 2004, 54（3）：135-139.

［27］ 李会山，董汇泽，董思远．低频电流对唐古特大黄种子萌发及活力的影响［J］．扬州大学学报（农业与生命科学版），2009，30（4）：71-74．

［28］ 蒋耀庭，马胜强．电晕场作用于棉纤维素对硝化纤维素性能的研究［J］．胶体与聚合物，2008，26（1）：31-32．

［29］ 徐江，谭敏，张春庆，等．电晕场与介电分选提高水稻种子活力［J］．农业工程学报，2013，29（23）：233-240．

［30］ MurrL E. Mechanism of plant-cell damage in an eletrostatic field［J］. Nature, 1964, 201: 1305-1306.

［31］ Li R N. Modern Electrostatics［M］. Beijing: Internation Acacemic Publisher, 1989: 137-139.

［32］ Tong TY. Electric activation of member enzymes［A］. First East ASian Symposium on BIophysics［C］. Sponsored by The BIophysical Society of Japan, 1994: 39-40.

［33］ 钟建娜．高压芒刺电场处理羊草种子对其幼苗抗盐碱特性影响的研究［D］．长春：东北师范大学，2007．

［34］ 杨体强，侯建华，苏恩光，等．电场对油葵种子苗期干旱胁迫后生长的影响［J］．生物物理学报，2000，16（4）：780-784．

［35］ Ishimori K. Report of Symposium on Gender Equality in the 45th Annual Meeting of the Biophysical Society of Japan［J］. Seibutsu Butsuri, 2008, 48（1）: 56-57.

［36］ 郑泽清，崔德芳，常明昌，等．电场处理对灵芝生长效应的研究［J］．食用菌，1994（1）：5-6．

［37］ 甘平，胡国虎，陈宏．高压静电场影响小白鼠体重增长的研究［J］．生物物理学报，1997，4（4）：705-707．

［38］ 叶家明，荣毅．高压静电场对小白鼠心电图 R 波的影响［J］．东北师大学报（自然科学版），1985（3）：15-17．

［39］ 孙迎春，张羽，段学智，等．芒刺电场对体外正常细胞和肿瘤细胞生长的影响［J］．中国科协2005 年学术年会生物物理与重大疾病分会论文摘要集，2005．

［40］ 王淑惠，黎先栋，宋长铣，等．高压静电场处理小麦种子对幼苗生长和有关化学成分的影响［J］．生物化学与生物物理进展，1991，18（5）：392-393，399．

［41］ 马福荣．高压静电场对人参生长及土壤化学性质的影响［J］．生物物理学报，1993，9（1）：174．

［42］ 杨体强，袁德正，孟立志，等．盐胁迫下电场处理对花葵种子发芽率的影响［J］．中国油料作物学报，2007（1）：93-95．

［43］ 王清元，卢贵忠，赵玉清．高压静电场对水稻种子萌发的试验研究［J］．云南农业大学学报，2005，20（1）：145-148．

［44］ 殷涌光，迟燕平，李婷婷．高压脉冲电场对辣椒陈种子萌发的影响［J］．农业机械学报，2008，39（3）：82-85．

［45］ 孙迎春，张羽，李丽雅，等．高压芒刺静电场预处理对大豆种子发芽的影响［J］．东北师大学报（自然科学版），2005，37（1）：34-37．

［46］ 白希尧．静电技术在农业中的应用［J］．自然杂志，1984（12）：902-905．

［47］ 蔡兴旺，王斌．茄子种高压静电场生物效应试验研究［J］．种子，2003（01）：16-17．

［48］ Radhakrishnan R, Ranjitha Kumari B D. Pulsed magnetic field: A contemporary approach offers to enhance plant growth and yield of soybean［J］. Plant Physiology and Biochemistry, 2012, 51: 139-144.

[49] Aladjadjiyan A. Study of influence of magnetic field on some biological characteristics of zea mays [J]. J Central Eur Agric, 2002, 3（2）: 89-94.

[50] 谢菊芳, 宋国清, 廖贡献, 等. 静电场对豌豆幼苗膜透性影响与跨膜电导率 [J]. 湖北大学学报, 2000（2）: 140-142.

[51] 吴旭红, 孙为民, 张红燕, 等. 高压场对南瓜种子萌发及幼苗生长的生物学效应 [J]. 种子, 2004, 23（2）: 27-30.

[52] 韩德恩. 静电场处理植物种子和植株的效应 [J]. 湖北农业科学, 1999（5）: 26-28.

[53] Ananta Vashisth , Shantha Nagarajan. Effect on germination and early growth characteristics in sunflower(Helianthus annuus)seeds exposed to static magnetic field [J]. Journal of Plant Physiology, 2010, 167(2):149-156.

[54] Pourakbar L. Effect of Static Magnetic Field on Germination, Growth Characteristics and Activities of Some Enzymes in Chamomile Seeds（Matricaria Chamomilla L.）[J]. Int J plant Prod, 2013（4）: 2335-2340.

[55] 杨体强, 高雄, 侯建华, 等. 电场处理油葵种子对其萌发期水分胁迫敏感性的影响 [J]. 中国油料作物学报, 2005, 27（4）: 45-49.

[56] 陈信, 康珵, 何平, 等. 水稻种子强电场电离处理酶活性的影响 [J]. 第十三届中国科协年会第17分会场-城乡一体化与"三农"创新发展研讨会论文集（下）, 2011.

[57] Turgay C, Zeynep E, Cakmak R D, et al. Analysis of aplplastic and symplastic antioxidant system in shallot leaves: Impacts of weak static electric and magnetic field [J]. J Plant Physiol, 2012（169）: 1066-1073.

[58] 岛山英雄. 野外植物生体电位 [J]. 静电气学会, 1982（5）: 276-284.

[59] 邓鸿模, 虞锦岚, 周艾民. 高压静电场促进植物生长技术的研究 [J]. 物理学和高新技术, 2000, 3（10）: 26-30.

[60] 李一. 高压静电场提高顽拗型籼稻花培效率的研究 [J]. 作物研究, 1997（1）: 12-13.

[61] 石贵玉, 周巧劲, 郭平生, 等. 高压静电对烟草愈伤组织生长和根分化的效应 [J]. 广西植物, 2002, 22（4）: 364-367.

[62] 马福荣, 许守民, 温尚斌, 等. 静电场对植物光合器官结构和功能变化的影响 [J]. 生物物理学报, 1994（3）: 469-471.

[63] 赵剑, 杨文杰, 马福荣, 等. 高压静电场苜蓿叶片愈伤组织诱导的影响 [J]. 生物物理学报, 1996, 12（3）: 134-136.

[64] 石贵玉, 周巧劲, 张振球. 高压静电场对银杏愈伤组织生长的影响 [J]. 生物物理学报, 1999, 15（3）: 547-550.

[65] 叶家明. 静电处理对有丝分裂的影响 [J]. 东北师大学报（自然版）, 1985（1）: 61-66.

[66] 袁朝兴, 丁静. 水分胁迫对棉花叶片含量、氧化酶和过氧化物酶的活性的影响 [J]. 植物生理学报, 1990, 16（2）: 179-180.

[67] 王建华, 刘鸿先, 徐同. 超氧化物歧化酶（SOD）在植物逆境和衰老生理中的作用 [J]. 植物生理学通讯, 1989（1）: 1-7.

[68] 李树华. 渗透胁迫下牛心朴子的渗透调节和抗氧化保护机理研究 [A]. 中国植物生理学会. 中国植物生理学会第九次全国会议论文摘要汇编 [C]. 中国植物生理学会, 2004.

[69] Mizuno A, Shimizu R, Chakrabarti A, et al. Nox removal process using pulsed discharge

plasma [J]. I-EEE trans. Ind. Applicat, 1995（31）: 957-963.

[70] 王锡录, 水野彰. 一种新灭菌方法的研究 [J]. 东北师大学报（自然科学版）, 1999（2）: 6-8.

[71] 罗莹, 张佰清, 魏宝东. 静电高压杀菌效果研究 [J]. 包装与食品机械, 2005（23）: 12-14.

[72] Evrendilek G A, Jin Z T, Ruhlman K T, et al. Microbial safety and shelf-life of apple juice and cider processed by bench and pilot scale PEF systems [J]. Innovative Food Science & Emerging TechnoLogies, 2000（1）: 77-86.

[73] 葛松华. 高压脉冲电场技术在液体食品杀菌中的应用 [J]. 物理与工程, 2005（1）: 34-36.

[74] 高雪红, 吴俊林. 高压静电场在农业中的应用及其作用机理的物理微观解析 [J]. 现代生物医学进展, 2008, 8（3）: 567-570.

[75] Ri Na, Feng L. Mechanism of The Biological Effects of Electrostatics [J]. Physics, 2003, 32（2）: 87-93.

[76] Zhang C B, Zhou L Y, Xu L, et al. Analysis of microcosmic action mechanism on electric field irradiating Yunnan rice of DR453 [J]. Journal of Yunnan Normal University（Natural Sciences Edition）, 2004, 24（4）: 34-39.

[77] 丁孺牛, 易伟松, 杨国正, 等. 高压静电场对油菜种子品质的影响及机理初探 [J]. 湖北农业科学, 2004（6）: 34-36.

[78] 李里特, 方胜. 对静电场下果蔬保鲜机理的初步分析 [J]. 中国农业大学学报, 1996（2）: 62-65.

[79] 杨光德. 高压静电果蔬保鲜机理分析 [J]. 淄博学院学报（自然科学与工程版）, 2000（2）: 32-35.

[80] 郭维生, 杨性愉, 杨体张, 等. 高压静电场对 α-淀粉酶构象的影响 [J]. 内蒙古大学学报（自然科学版）, 2001, 32（3）: 349-351.

[81] 牟波佳, 张光先. 高压静电场对过氧化氢酶的激活作用研究 [J]. 西南农业大学学报, 1999, 24（2）: 196-200.

[82] 陈家森, 叶士景, 陈树德. 电场对水结构的影响 [J]. 物理, 1995（7）: 424.

[83] Seiichiro I, Noruaki I, Mika K, et al. Effect of electric on physical states of cell-associated water in germinating morning glory seeds served by 1H-NMR [J]. Biochimica et Bilphysica Acta, 1999, 1426（1）: 17-31.

[84] 侯建华, 杨体强, 那日, 等. 电场处理油葵种子在干旱胁迫下萌发及酶活性的变化 [J]. 中国油料作物学报, 2003（1）: 42-46.

[85] 温尚斌, 马福荣, 许守民, 等. 高压静电场促进植物吸收离子机理的初步探讨 [J]. 生物化学与生物物理进展, 1995, 22（4）: 377-379.

[86] 白亚乡. 高压静电场对大麦、甜菜、玉米种子超弱发光的影响 [J]. 内蒙古大学学报（自然科学版）, 2000, 31（4）: 443-446.

第二章
电场处理高粱种子应用研究

高粱属禾本科（Gramineae），高粱属（*Sorghum*）植物。高粱又称蜀黍、芦粟、荻子，是我国北方的重要粮食作物之一。杂交高粱的成功应用推广，使得高粱在我国南方也得到大量栽培。由于高粱具有抗旱、耐涝、耐瘠、耐碱、高产稳产等特性，适应性广泛，对于提高粮食产量具有重要意义。

第一节　高粱栽培和生产现状

一、高粱生产发展概况

（一）高粱起源

高粱（*Sorghum bicolor* L. Moench）是人类早期就开始栽培的作物之一，世界各地都有栽培，类型多样，起源说法不一，关于中国高粱的起源有以下两种学说。

一种学说认为，高粱是从国外引入，我国古历史中并无记载，最早由非洲经印度传入中国。据《博物志》记载，高粱8世纪从非洲起源，由东非经中东、印度或丝绸之路传入中国，但何时引入中国，说法不一。另一种学说认为高粱起源于中国，中外许多植物学家都对其进行了考证，但栽培起源还有待确认[1]。一般认可前一种说法。

（二）高粱栽培历史

高粱是我国栽培最早的作物之一。据史料记载，我国栽培高粱有四千年以上历史。1949 年以来，我国高粱育种工作者对世界上几种不同类型高粱的研究证明，我国高粱与国外其他几种类型高粱比较，具有独特的生态型和遗传特性。研究表明，中国类型高粱品种与南非、西非、亨加利等外国类型高粱品种相杂交，其杂种一代优势表现显著。因此，我国和印度、非洲同为高粱的原产地。

我国高粱在 20 世纪 60 年代常年播种面积约 1 亿亩（1 亩 ≈ 666.67 平方米），平均亩产二百斤。随着耕作制度的改革和小麦、玉米等作物面积的扩大，高粱播种面积有所缩小，特别是棉、麦产区高粱面积缩小较多，春播逐渐变为夏播。另外，由于杂交高粱迅速推广，单位面积产量一般比当地品种增产三成，甚至成倍增长，因此高粱亩产大幅度增加。20 世纪以来，我国高粱生产发展经历了以下三个阶段：

① 20 世纪初叶至 20 年代，是我国高粱生产的鼎盛时期，全国播种面积为 1400 万公顷，仅次于小麦和水稻之后，各地均有种植，均选用当地的自然品种。20 世纪 50～60 年代中期，随着玉米种植面积的不断扩大，高粱种植面积有所减少。

② 20 世纪 70 年代，广泛利用高粱杂交种，形成吉林、黑龙江、山西等大型种子生产基地，到 20 世纪 70 年代中期，杂种高粱占据了主体位置，产量从 1965 年的 1155 吨/公顷增长到 2310 吨/公顷，将近翻一番，但播种面积仅有约 450 万公顷，但总产量高达 1000 多万吨。

③ 20 世纪 80 年代，因作物种植结构的优化调整，高粱种植面积呈现出由南向北缩减的趋势，栽培种植趋向于干旱和沙碱地区，用途上趋向于向饲料和酿造业。20 世纪 90 年代后期，选用多抗、高产新品种，单产最高达 4000 吨/公顷，成为饲料、酿造行业的重要原料。

（三）高粱地理分布

世界高粱主要分布在五大洲 58 个国家和地区（干旱和半干旱地区），少量分布在温带和寒温带。我国高粱主要分布在东北、西北、华北及黄淮流域等地区，南北各地都有种植[2]。

二、国内外高粱生产简况

（一）国外高粱生产现状

高粱栽培遍及世界五大洲的干旱和半干旱地区，播种面积和总产量仅次于小麦、玉米、水稻和大麦，是世界上第五大粮食作物。

目前全世界高粱播种面积约 4300 万公顷，总产量约 6000 万吨。在全球干旱和半干旱地区广泛种植，包括非洲、亚洲、大洋洲和美洲的 105 个国家和地区均有种植。在欧洲和北美洲许多国家，高粱主要作为饲料和工业原料。目前世界高粱主要生产国有美国、尼日利亚、墨西哥、埃塞俄比亚、印度、苏丹、中国、阿根廷、巴西、尼日尔、澳大利亚等。

根据 FAOSTAT 2000～2017 年全球种植高粱的统计数据：印度是世界上高粱第一大种植国家，2017 年印度高粱种植面积为 586.2 万公顷，其次是尼日利亚，高粱种植面积为 582.0 万公顷，种植面积居第 3 位的是苏丹，高粱种植面积为 541.2 万公顷，美国的高粱种植面积为 204.2 万公顷。2017 年全球高粱种植面积较大的前 17 个国家和地区中，阿根廷的单产居第 1 位，产量为 4662.6 千克/公顷；其次是美国，产量为 4526.0 千克/公顷；排在第 3 位的是中国，产量为 4496.8 千克/公顷。印度、尼日利亚、苏丹、尼泊尔等高粱种植面积较大的国家单产却很低。

美国、尼日利亚、埃塞俄比亚及印度等地区为全球高粱主要生产地，2019 年美国共生产高粱 867.3 万吨，尼日利亚共生产高粱 666.5 万吨，埃塞俄比亚共生产高粱 520 万吨，印度共生产高粱 473.3 万吨。2019 年美国高粱产量占全球高粱总产量的 15％，中国高粱产量占全球高粱总产量的 12.50％，尼日利亚高粱产量占全球高粱总产量的 11.53％，埃塞俄比亚高粱产量占全球高粱总产量的 8.99％，墨西哥高粱产量占全球高粱总产量的 8.45％，印度高粱产量占全球高粱总产量的 8.19％。中国、尼日利亚、埃塞俄比亚及墨西哥这四个国家不仅是高粱生产大国，同时也是高粱消费大国，2019 年中国、尼日利亚、埃塞俄比亚及墨西哥高粱消费量分别为 740 万吨、665 万吨、523 万吨、500 万吨[3]。

（二）国内高粱生产现状及种植分布

1. 国内高粱生产现状

高粱有较强的适应性，在我国各地都能种植。在我国高粱有几千年的栽培历史，我国高粱种植主要集中在内蒙古、贵州、吉林等地。20 世纪 50 年代，高粱播种面积为 940 万公顷，占农作物播种总面积的 7.5％，总产量约为 1100 万吨。随着 20 世纪 60 年代以来全球范围绿色革命带来的小麦、玉米、水稻等主粮全面高产，以及 20 世纪 80 年代中国改革开放后，伴随着国民经济的增长和人民生活水平的提高，高粱的主要用途逐步从食用转变为酿造原料，导致中国高粱种植面积逐步下降，成为重要的杂粮作物。但近年来，在中国酒业的拉动下，高粱种植迅猛发展。2015年，中国高粱种植面积为42.5万公顷，产量为220.3万吨；到2020年我国高粱种植面积达63.5万公顷，产量为297.0万吨。2020年我国高粱单位面积产量为4679.4千克/公顷，较2019年减少了219.1千克/公顷；其中东北地区单位面积产量为5460.1千克/公顷，较全国值高出780.7千克/公顷；西部地区单位面积产量为4788.4千克/公顷。2020年共有新疆、江苏、吉林、内蒙古、安徽、四川、黑龙江七个地区高粱单位面积产量超全国值，其中新疆以6744.2千克/公顷居全国首位，其次江苏单位面积产量为6666.7千克/公顷，吉林单位面积产量为6307.4千克/公顷[3]。

2. 国内高粱的种植分布

我国高粱的分布范围较广，各个地区均有种植。目前，我国高粱种植区域主要分布在西部、东北的温带地区。2020年西部地区高粱种植面积占全国的54%，产量占全国的55.3%；东北地区种植面积占比20.7%，产量占比24.2%。2020年仅内蒙古高粱播种面积超10万公顷，播种面积为15万公顷，较2019年减少了1.54万公顷；其次，播种面积5万公顷以上的有山西、贵州、吉林、四川四个地区，上述五地合计占全国总面积的69%。根据各地自然气候条件、土壤类型、耕作制度、栽培方式等不同，可将高粱产区分为以下4个栽培区域：

春播早熟区：主要分布在吉林、黑龙江、内蒙古、山西、陕西、河北、张家口、宁夏、新疆等地区。栽培面积约占全国高粱总面积的28%，栽植品种主要为早熟或中早熟。

本区高粱栽培集中的地区属温带气候，冬季温度低而寒冷，夏季平均气温20~23℃，年降雨量100~700mm，大部分集中在作物生长旺盛的夏季。

春播晚熟区：主要分布在山西、辽宁、河北、陕西、北京、天津、宁夏、甘肃、新疆等地区，主要为一年一熟，也有二年三熟或一年二熟。

本区是我国高粱的主要产区，播种面积约占全国高粱总面积的37%。气候属温带与暖温带气候，无霜期160~250天，年降雨量100~800mm，活动积温3000~4000℃。春季干旱多风，但高粱拔节以后雨量增多，温度适宜，日照充足，适于高粱的生长。

春夏兼播区：主要分布在河南、安徽、山东、江苏、湖北、河北等部分地区。春播高粱宜用晚熟品种，夏播高粱多用早熟品种。栽植品以一年二熟或二年三熟为主。

本区播种面积约占全国高粱总面积的 29％，气候属暖温带及亚热带气候，温度较高，无霜期较长，200～250 天，日照充足，活动积温 4000～5000℃，年降雨量 500～1300mm。

南方区：主要分布在华中、华南、西南等地区。栽植品种多为糯性，一年三熟[7]。

本区播种面积约占全国高粱总面积的 6％。属热带及亚热带气候，气温高，雨量充沛，年降雨量一般为 1000～2000mm，适于高粱生长的日期较长，在 250 天以上，海南岛南部长年无霜冻，一年四季均可种植高粱。

三、山西高粱生产现状

（一）分布情况

高粱是山西省主栽作物之一，但随着种植结构的调整和人们饮食结构的变化，高粱逐渐成为小杂粮作物之一，也做酿造和饲用作物。

高粱在山西省种植有北部春播早熟区、中南部春播中晚熟区这两个气候地理生态区，大同盆地平原山丘区、晋北高寒山地丘陵区、中南部春播中晚熟区、太原盆地平原区、太行-太岳山土石山区、晋东南高原盆地区、晋西黄土丘陵区、晋南盆地平原区等 8 个栽培生态亚区[4]。

（二）生产概况

山西是我国高粱的主产省区之一，从高粱生产总体看，产量大致经历了 2 个大增阶段：一是在 1965～1979 年，产量由 1500 吨/公顷提高到 3750 吨/公顷；二是在 1980～1988 年，单产提高了 31.1％。播种面积经历了两个大减阶段：1949～1988 年，播种面积较少了 40％，但单产提高了近 4 倍，总产量增加了近 2 倍；1989～1995 年，播种面积由 17.33 万公顷降低到 13.73 万公顷；20 世纪末至今，高粱播种面积稳定保持在 9 万～13 万公顷，平均单产 3 756 吨/公顷。目前，高粱基本上都作为酿酒、酿醋的生产原料[4]。

1980 年，高粱的种植面积为 80.24 万公顷，全国排名第五位。1990 年，种植面积有所减少，为 15.28 万公顷，全国排名第四位；单产为 4620 吨/公顷，全国排名第二位。2000 年，播种面积又降低到 8.9 万公顷，全国排名第五位；单产为 2892 吨/公顷，全国排名第十三位。2019 年，山西高粱播种面积 6.65 万公顷，列内蒙古、吉林、贵州之后，居全国第四位。2020 年，山西高粱播种面积 8.76 万公顷，占全国高粱种植面积的 1/10，内蒙古 150 万公顷居第一位，山西跃居第二位。从产量来看，2019 年山西高粱产量为 23.2 万吨，列内蒙古、吉林、辽宁、四川、黑龙江之后，居全国第六位，2020 年山西高粱产量 31.8 万吨，列内蒙古、吉林之后，居全国第三位[5]。

第二节　高粱的生长发育

一、高粱生物学特性和用途

（一）高粱生物学特性

高粱属禾本科高粱属一年生草本植物，茎秆粗壮、直立，基部节上有数条支撑根，叶鞘无毛或稍有白粉，圆锥花序，主轴裸露，叶舌硬膜质，先端圆，边缘有纤毛，颖果两面平凸，顶端外露。根系发达，具有抗旱、抗涝、耐盐碱、耐瘠薄等特点。其为 C4 植物，高光效，具有丰富遗传多样性，杂种优势强，染色体 $2n=20$，喜温、喜光，是世界五大类（高粱、玉米、小麦、水稻和大麦）作物之一，也是中国最早栽培的禾谷类作物之一，有蜀黍、芦粟、木稷、荻粱、乌禾、芦穄、秫秫、芰子之称。

（二）高粱的用途

高粱是世界上第五大粮食作物，是近 5 亿人的主食[3]。根据高粱性状的不同，可饲用、帚用、酿用、能源用和加工用。颖果可入药，具有燥湿祛痰、宁心安神的作用，属于经济作物之一。

1. 食用

高粱籽粒营养价值较高，是我国北方的主要粮食作物之一。分析结果显示，高粱籽粒中含淀粉 65.9%～77.4%，蛋白质 8.42%～14.45%，粗脂肪 2.39%～5.47%，每百克籽粒放出的热量为 365 千卡，淀粉含量仅次于大米，脂肪含量仅次于玉米，蛋白质含量仅次于玉米和小米，放出的热量与玉米相同，比其它作物均高。东北地区常把高粱籽粒加工成高粱米食用，黄淮流域一般把高粱籽粒磨成面粉，制作成各种面食，糯高粱制作成的面粉被用来做成各式糕点。

2. 饲用

高粱茎秆纤细，易咀嚼，汁液多，含糖量较高，宜青贮或青饲。高粱籽粒中含有少量单宁，具有预防幼畜、幼禽白痢病的作用，并可增加畜禽的瘦肉比，但赖氨酸含量低，故食用、饲用价值略低于玉米；加工后的副产物如糠麸、粉渣及酒糟等也是家畜的良好饲料。高粱茎秆含糖分较高，早期收割还可直接作青饲料，或连同籽粒作青贮饲料，或在籽粒收获后作为干草饲用，都具有较高的饲用价值，很适合做奶牛、肉牛等的饲料，在北方生育期较长的地方还可任其再生供放牧用，但是一部分红粒高粱品种，苗期茎叶内氰酸含量较多，易引起家畜中毒，故在放牧或作青饲时应严加注意。

3. 酿造用

高粱的籽粒除食用、饲用外，也是酿酒和酒精工业的重要原料，名酒茅台、五粮液、泸州老窖、山西汾酒都以高粱为主料进行酿造而成；北方优质食用醋的酿造原料也多出自高粱，如闻名全国的山西老陈醋等。

4. 能源用

甜高粱茎秆中的糖可经生物发酵得到乙醇，成为燃料，且转化率较高，因此，甜高粱又被称作"高能作物"。

5. 加工用

高粱也可用于加工。高粱籽粒加工后的糠麸可榨油；甜高粱茎秆榨糖用，含糖量可达 8%～19%，可加工制糖和糖浆；高粱茎秆可在工业上用作造纸原料，压轧后的渣可作胶合板原料；高粱茎秆中含有红色的花青素，可提取作染料，茎秆中还含有约 0.3%的蜡质，可供制蜡纸、油墨和鞋油用。

此外，茎秆坚韧，是建筑、制席和园艺上做支柱的原料；帚用高粱籽粒产量不高，脱粒后的穗和茎可用作扎扫帚、编席或工艺品等。

二、高粱的生育期及生长特点

（一）高粱的生育期

我国地域宽广，高粱的品种资源非常丰富，生育期长短各不相同。极早熟品种生育期 80 多天，晚熟品种生育期长达 140～150 天。品种生育期的不同除受遗传特性决定外，也与栽培地区的光照、温度等自然环境及栽培条件有关。

品种相同，纬度与海拔越高，生育期越长；春播和夏播也影响生育期长短，春播生育期长于夏播生育期。而造成生育期差异的本质原因在于品种的感温性和感光性。

（二）高粱的生长特点

高粱原产于热带非洲，在长期生长发育过程中形成了高温、短光照的发育特性。

1. 感温性

高粱是喜温作物，在整个生育期间都要求较高的温度。一定的高温可以提早幼穗分化，低温则可延迟幼穗分化，这种特性称为高粱的感温性。高粱在生育期所需的温度比玉米要高。虽然高温对不同高粱品种的生长发育都有一定的促进作用，但由于品种原产地的温度、光照条件的不同，使得不同品种感温性强弱差异较大，有的对温度反应敏感，适应性低；有的则反应迟钝，适应范围较宽。因此，在不同热量条件和不同生长季节的高粱栽培，要利用这种感温特性的不同选择合适品种。

2. 感光性

高粱为短日照作物，在生长发育到一定阶段，需要较长的连续黑暗与较短的光照交替才能抽穗开花。缩短光照，就能提早开花，缩短生育期；延长光照，就会造成开花推迟甚至不能开花，使生育期变长。

温度和光照对高粱生长发育的影响密切相关。高粱感光性必须首先满足一定温度条件下的热量基础，温度差异会导致品种对光周期性反应的差异，临界光周期受到温度的影响。在生产栽培上，可利用品种对温度和光照的反应特性，合理品种布局，就能更好发挥品种的增产潜力。同时，引种时也要考虑到品种间对温度和光照反应的差异，对温度和光照条件反应不太敏感、适应性广的品种引种容易成功。北种南引，日照时间缩短，温度升高，一般生育期都会缩短，往往造成早熟减产，适时早播延长生育期对生产有利。反过来，南种北引，日照时间会延长，温度降低，会延迟抽穗而不能成熟。纬度、海拔相近地区引种就易成功。因此，根据品种的温度、光照特性，在不同地区、不同季节选择适宜品种，是实现丰产的前提。此外，在高粱育种时，可通过人工气候的特殊处理，诱导感光性强的品种提前开花进行杂交。

三、种子的萌发

（一）种子的形态及组成

高粱种子，在植物学上属颖果，由果皮、种皮、胚乳和胚四部分组成，其中果皮和种皮约占种子重量的 12%，种皮内部的胚乳占种子重量约 80%，种子腹部下端的胚，约占种子重量的 8%。高粱种子形状呈椭圆形或卵圆形，籽粒颜色呈红、黄、橙红、褐红、浅黄、白色等，与单宁含量有关，深色含量多，浅色含量少，含量越多，品质越差，但防腐耐盐碱、耐贮藏。种子大小和形状因品种和栽培条件而异，大粒千粒重在 30g 以上，小粒千粒重在 25g 以上，一般千粒重 25～30g。

（二）种子的萌发及出苗

高粱种子在适宜的温度、水分、氧气条件下，种胚开始萌动发芽。种子的发芽力与种子成熟度、种皮色泽、晾晒贮藏情况关系密切。首先，种子吸水膨胀，然后把胚乳中贮藏的复杂有机物在淀粉酶、蛋白酶、脂肪酶等作用下，水解为简单可溶性物质，如糖类和氨基酸等，输送到正在生长的胚中，形成新细胞的结构物质。贮藏在种子中的化学潜能，通过呼吸作用转变为种子出苗时的热能和动能。种子萌动后，胚细胞迅速分裂和伸长，使胚根、胚芽突破种皮。发芽时先长出一条胚根，随后胚芽在胚芽鞘的保护下露出地面，到达地表后，胚芽鞘随即停止生长，第一片叶就从芽鞘中长出，当第一片绿叶距地面 1～1.5cm 时，即为出苗。

（三）影响种子萌发与出苗的环境条件

种子萌发出苗受许多外界因素的影响，主要包括水分、温度和氧气等环境条件。

1. 水分

高粱种子萌发需要吸水量达到本身干重的 40%～50%。不同土壤中含水量不同，土壤中的水分必须满足种子发芽要求的最低含水量，其中最低含水量壤土 12%～13%，黏土 14%～15%，沙土 7%～8%。在我国北方，春播时往往风大少雨干旱，墒情对出苗影响甚大，做好整地保墒很有必要。同时还应注意，在土壤湿度过大的情况下，如果氧气缺乏、温度过低，高粱种子容易粉种霉烂。

2. 温度

一般情况下，高粱种子要求的发芽最低温度为 6～7℃，但有些杂交品种要求更高，发芽缓慢，易受病菌侵染。适宜发芽的温度为 20～30℃，最高温度为 44～50℃。不同温度下，从播种到出苗所需要的时间也会不同，温度高，种子吸水速度加快，酶活性强，代谢加快，能促进细胞分裂和伸长，从而加快出苗速度；反之，则会导致出苗迟缓。

3. 氧气

种子萌发时由于呼吸作用旺盛，需要充足的氧气。如果土壤板结，水分过多，播种过深，就会造成氧气缺乏，使种子进行无氧呼吸，产生酒精中毒，影响种子发芽。因此，播种之前最好整地，使土壤保持疏松通气，同时选择适宜播期和播种深度，有利于早出苗，出全苗。

四、幼苗的生长

高粱从出苗到拔节，称为苗期。这段时期，是高粱的营养生长时期，扎根、长叶，产生分蘖。在这个阶段内，根系迅速生长，叶片一般长出 10～12片，从分蘖节处长出分蘖，主茎则未生长。这段时期的主要生长特点：地上部分生长较慢，地下根系生长迅速。

（一）根系的生长

高粱的根为纤维状须根系，由种子根、次生根和支持根所组成。种子发芽时，由胚根长出的一条种子根称为初生根，它对幼苗初期营养及水分供应作用重大。当幼苗长出 3～4 片叶时，在地下茎节上会陆续长出一层层轮生的次生根，其层数多少与品种和栽培条件有关，一般可长 6～8 层。次生根最初水平扩展，然后会向下伸长，当地上部分长出 6～8 片叶时，根系入土深度可达到1～1.5m，向四周分布范围可达 80 厘米，至抽穗时伸长到 1.5～2m，横向扩展达 0.6～1.2m。在这些根上又分生许多支根，形成密集而强大的须根系，充满耕作层内。正由于高粱根系发达，入土深广，吸水力较强，再加上根的内皮层中有矽质沉淀物，使根非常坚韧，能承受土壤缺水收缩的压力。此外，高梁到孕穗期，次生根和叶鞘的皮层中形成通气组织，在土壤渍水、缺乏空气的情况下还能进行气体交换，保持正常生长发育。所以高粱的抗旱、耐瘠、耐涝、耐盐碱能力较强。

根系的生长与土壤中的水分、温度、盐分及土壤肥沃程度息息相关。土壤湿度过大，通气不畅，影响根系呼吸和物质转化，会严重抑制根的生长，根少而浅；土壤水分缺乏，妨碍养分吸收，减少有机物合成，分枝根数减少。土壤盐分过多，渗透压增高，根系吸水阻力增大，同时也能引起盐分危害，不利于生长。土壤温度较低，根系代谢活动减弱，吸收能力下降，根系生长缓慢。土壤肥沃，氮素充足，发根力强，根多而健壮。磷肥也能促进根系生长。

（二）叶的生长

高粱在出苗后，会陆续长出叶片。高粱的叶互生在茎节上，由叶鞘、叶片、叶舌组成。叶片中央有一较大主脉，依主脉颜色可分为蜡质叶脉（灰色）、黄质叶脉（黄色）、白质叶脉（白色），蜡质叶脉茎秆中含有较多汁液，抗叶部病害能力较强，其余两种茎秆汁液较少，一般抗病力较差。高粱苗期，由于品种不同，叶色有绿色和紫色两种（在苗期，低温、多水或缺磷时，叶片会呈现紫色）。叶片与叶鞘相连，叶鞘包于茎上，下部短上部长。叶鞘有保护节间、进行光合作用、贮藏养分的功能。孕穗前后，高粱叶鞘中的薄壁细胞破坏死亡，形成通气的空腔，与根系空腔相连，有利于气体交换，增强耐涝性。

高粱的叶片数，因品种、播种时期而不同，晚熟品种较早熟品种要多，同一品种春播较夏播要少。不同叶片，生长速度不同，全株叶片生长呈现快-慢-快的变化规律。1～3叶平均出叶间隔2天左右，速度较快；3叶以后，幼苗转入自养，出叶缓慢；4～6叶平均6天左右或更长时间；6叶以后，生长加快；7～10叶3～4天；拔节后，生长的11～20叶同化与吸收面积扩大，温度升高，生长速度较快，2～3天生长一新叶片。单株上的各叶片是由下向上逐层伸展，但又彼此重叠。随叶位上升，叶片的功能期（各叶片从展开到枯衰的时间为功能期）由短变长。在叶片生长过程中，出叶间隔、叶面积及功能期都与环境条件有关。出叶快慢受温度影响较大，温度高，出叶间隔短，新叶出现快；出叶间隔长，需要活动积温增高。出叶快慢与肥水条件也有关系，肥水条件好能缩短出叶间隔，加速叶片生长，并可促弱转壮；同时增施肥水还能扩大叶面积，延长叶片功能期，提高光合效率。

（三）分蘖的生长

高粱由茎基部节上腋芽长成的侧枝称为分蘖。一般情况下，高粱在出苗后20～30天开始分蘖，也有10～15天就开始分蘖的分蘖力强的高粱品种。分蘖期长短与品种特性、气温、土壤湿度、肥力及栽培密度等关系密切，一般约20天。矮生类型高粱和一些杂交高粱分蘖力较强，早生的分蘖只比主穗晚熟3～5天，在北方春播晚熟区大都能成熟，在不影响主穗产量情况下，可以保留。高秆类型的高粱则不能或很少形成分蘖。

（四）环境条件对高粱苗期的影响

温度对高粱幼苗期影响较大。高粱是喜温作物，一般从出苗到拔节最适宜温度20～25℃，温度过低幼苗生长缓慢且瘦小，10℃以下幼苗基本停止生长期，0℃以下低温会冻死幼苗。但温度过高，幼苗生长过快，不利壮根壮苗，并提前拔节，也不利于分蘖。

光照对高粱生长发育也有很大影响。高粱为短日照作物，一般高粱品种的临界光周期为12～13小时。出苗后十多天，幼苗对光照最为敏感，短光照会加速穗的分化；长光照延迟穗分化。

水分影响高粱苗期的生长。高粱苗期主要是扎根，地上部位生长缓慢，叶面积较小，需水较少，因此，苗期具有很强的抗旱生根能力，在土壤干旱情况下仍能生成次生根；相反，水分过多，根系发育较弱。因此，苗期适当控制水分，进行"蹲苗"，可使根系发达、深扎，提高抗旱性。但对于有分蘖特性的品种，在分蘖期干旱，会导致分蘖期缩短，分蘖数减少。

高粱苗期对养分需求不高，由于植株小，吸收养分不多，占生育期吸收总量的12%～20%。

五、拔节孕穗

高粱从拔节到抽穗前的这个阶段，称为拔节孕穗期。这个阶段，高粱除继续幼苗阶段的扎根、长叶外，茎部的节间开始逐渐伸长，营养器官快速生长，幼穗也开始发育形成，因此，此阶段是营养生长和生殖生长并进的阶段。这个阶段，决定了穗的大小和穗粒数的多少。

（一）茎的生长

高粱出苗后 40～50 天，从茎基部节间开始，自下而上依次伸长，称为拔节。节间数与叶片数相同，节间的多少与长短取决于品种，晚熟高秆种节多而长，矮生早熟种节少而短。不同品种茎秆高度差异较大，根据茎秆高低可分为高秆（2～2.5m）、中秆（1.5～2m）、矮秆（1～1.5m）。茎的地下部有 5～8 个密集的节间，地上部有节间 10～18 个，一般大多 12～13 节。每一节间基部有居间分生组织，其细胞不断分裂伸长和增大引起了节间的伸长与增粗。节间的伸长由下向上顺序进行，但又相互重叠。当顶端生长锥分化茎、叶原基结束后，基部的三个节间几乎同时开始伸长，当 1～2 节伸长停止，第 3 节加剧伸长时，第 4～6 节又缓慢伸长，如此由下向上逐渐进行。前期，节间伸长较慢，后期较快，使得中上部节间较长。节间伸长持续时间因品种和节位而不相同。同一品种，下部节间较短，中上部较长。靠近地面节间的粗细，是鉴定根系发育好坏及抗倒伏性强弱的标志，基部节间细长，表明根系发育差，易倒伏；反之，抗倒伏能力强。基部节间长短与苗期水、肥条件有密切关系。

高粱生育的中后期，茎秆表面的白色蜡粉，能防止水分蒸发，增强抗旱能力，水淹时又能防止水分渗入茎内。

高粱茎的节间上都有一个腋芽，通常呈休眠状态，肥、水充足时，靠近地面上的 1～2 个腋芽长成分蘖。在主穗受伤时，茎上部腋芽发育成分枝，一般情况下，因其消耗养分，影响主穗又不能成熟，常将其除去。但在繁殖制种花期不遇或主穗受灾时，可利用休眠芽萌发而抽穗结实。在生育期长的地区，还可利用高粱的分枝特性进行再生栽培。

高粱茎的生长受环境条件影响较大。茎秆形成时，光照充足，有机营养供应充足，有利于输导组织与机械组织健全发育，茎秆充实坚韧；反之，体内养分不足，或水分亏缺，细胞分裂减弱，会造成茎秆充实不良，秆细又轻，穗小粒少。种植密度过大，群体下层光照不足，易引起细胞伸长，机械组织不发达，易倒伏。因此，在拔节初期，基部节间开始伸长时，控制灌水，加强中耕，蹲苗促壮，都能抑制细胞伸长，促使下部节间缩短增粗，达到壮秆防止倒伏的目的。

（二）穗的分化形成

高粱幼穗分化始于高粱拔节以后，随着茎秆的不断伸长，幼穗逐渐开始分化发育，到茎的最上一节伸长时，幼穗也发育完全，形成完整的穗。当茎的最上一节伸长时，穗露出叶鞘外，就进入了抽穗期。春播高粱从出苗到抽穗需70～90天，其中幼穗开始分化到抽穗需30～40天，而夏播早熟种从播种到抽穗只需40天左右。在生产上，熟悉幼穗分化过程和外部长相间的关系，掌握幼穗分化规律，就能通过外部展开叶片数判断内部分化时期，从而准确采取相应措施，促使穗大粒多，达到高产的目的。

1. 幼穗分化过程

高粱的幼穗分化过程一般分为以下几个阶段：

（1）营养生长阶段

这个阶段生长锥停留在叶原基分化阶段，尚未开始穗的分化。生长锥除体积略为膨大外，保持光滑半球体状态。当分化出最后一个叶原基时，就进入幼穗分化的第二个阶段。

（2）生长锥伸长期

这个阶段叶原体不再分化，叶数和茎节数已经确定。生长锥体积膨大，顶端变尖，生长锥由半球体状态变为圆锥体，由营养生长转向生殖生长，幼穗开始分化。从植株外部长相来看，基部第一节间开始伸长，进入拔节期。

（3）枝梗分化期

在这个阶段，膨大的生长锥基部产生乳头状突起，突起数目不断增多，并向顶式分化，这些突起便是将来穗轴上的一级枝梗，一级枝梗分化节数多少决定了高粱穗的大小。当生长锥一级枝梗即将分化完时，基部一级枝梗原基的基部渐渐变宽，形成扁平锥体，在其两侧产生二级枝梗原基，并逐渐向顶端分化。随后，在二级原基上形成三级枝梗原基。三级枝梗分化是从生长锥中部开始，然后向上下两端推移。由于顶端形成枝梗较慢，故生长锥顶部只有一、二级枝梗，而中、下部多数产生第三级枝梗。枝梗分化阶段经历时间最长，对外界条件反应敏感，也是获得大穗和控制幼穗发育速度，制种时调节花期的重要阶段。通过这个阶段，小穗型或散穗型品种大约需长出3个叶片，而大穗型品种则需长出4～5个叶片，约12天时间。

（4）小穗原基分化期

从生长锥顶端末级枝梗开始形成小穗原基，接着从小穗原基的一侧产生裂片状突起，即第一护颖原基，当第一护颖原基膨大到将来包围整个小穗原基时，在相对一侧产生第二护颖原基。随后分化出小花的外颖、内颖原基。这一阶段要经历两片叶，约5天时间。此阶段植株生长迅速，对水、肥反应敏感，是促进码密、粒多的关键时期，也是预测花期和调节花期的关键时期。

（5）雌雄蕊分化期

当小穗内第二朵花的内颖原基出现后，花原基顶端分化出三个小圆形突起，排列呈三角形，即雄蕊原基。随后不久，在三个雄蕊原基中央隆起形成一个体积较雄蕊大的雌蕊原基，以后发育成子房。同时，穗轴、枝梗、小穗各器官继续以较快速度增长。一般品种都在旗叶出现期，距离抽穗只有 10～15 天时期，这是调节花期的最后时期。这个阶段对光照和温度最为敏感，条件不良会引发雌蕊发育不良。如此时光照不足造成不育系的小花败育和杂交种小花不实现象，则会降低结实率。

（6）减数分裂期

雄蕊花药增大呈四棱状，在花粉囊内形成花粉母细胞，经减数分裂，形成四分体，最后每个分子进一步发育形成花粉粒，同时，雌蕊体积增大，顶端形成二裂柱头，花部各器官迅速扩大。减数分裂期是决定小穗小花结实或退化的关键时期。此时，相当于植株外部挑旗。

（7）花粉粒充实完成期

挑旗以后，进入孕穗打苞时，正值花粉粒内容物充实，颜色变黄。花丝迅速伸长，雌蕊柱头产生羽毛状突起，颖片出现大量叶绿素。当雌、雄蕊全部发育成熟，植株开始抽穗开花。

在幼穗分化过程中，以枝梗分化和减数分裂期与穗大粒多关系最为紧密。枝梗分化决定穗子大小、穗码疏密，减数分裂期决定结实率和每穗数。

2. 影响幼穗分化的条件

（1）养分

幼穗分化过程中，枝梗分化、小穗小花分化和减数分裂期对养分的需求比较大。枝梗分化前追施拔节肥，有助于促进枝梗和小穗小花分化，促花增粒，减数分裂前追挑旗肥，可以减少小穗小花退化，有保花增粒的作用。枝梗分化和花粉母细胞减数分裂期氮素不足，会造成枝梗及小穗小花数减少，不孕花增多。

（2）水分

在高粱幼穗分化发育期间，水分供应不足，会影响到幼穗的发育。枝梗分化期缺水，穗小码疏；小穗小花分化期水分短缺，会导致小穗小花分化数减少；性细胞形成期缺水，会使雌、雄蕊发育不全，退化花增多，结实不良。但反过来，降水过多会引起灌苞，使枝梗与小穗小花大量退化，造成秃脖、秃尖，从而减产。因此，适时播种，创造幼穗分化的良好环境条件，有利于穗大粒多，提高产量。

（3）温度

幼穗分化期的适宜温度为25～30℃，低温延长幼穗分化，温度高能加速幼穗分化，但往往因分化时间的缩短，导致枝梗和小穗小花分化数减少。但是，幼穗分化过程中的减数分裂期对温度反应很敏感，低温会使雌雄蕊细胞发育不良，不孕率增多。抽穗开花期间，16℃以下低温，往往会引起颖壳不张、花药不裂、花粉减少和花期延迟等现象，造成受精不良，结实减少。

（4）光照

高粱在拔节孕穗期需要充足的光照，特别在雌雄蕊发育时期，光照不足会使雌雄蕊发育不良，发生不育系小花败育和杂交种小花不实现象。因此，制种时应考虑合理配置行株距和种植密度，提高通风透光条件，保证穗分化后期的光照；同时，适时播种，使幼穗分化后期错开雨季高峰期，保证充足的光照。

六、籽粒的生长

（一）开花授粉

穗分化完成，雌雄性细胞成熟，高粱就开始抽穗，70％以上植株抽穗，称为抽穗期。抽穗后，早熟品种2～3天开始开花，晚熟品种4～6天开始开花。依次从穗顶端小穗向下，开花结束5～9天，一般第2～5天开花最盛。高粱开花时间，因不同地区的温度、湿度、品种而不一致。温度高，发育加速，开花提前，花期缩短；反之，开花推迟，花期延长。开花期间高温干旱会使花粉干枯丧失萌发能力，但雨水过多易引起花粉吸水破裂，不能正常受精，使结实率降低。由于高粱在颖外授粉，开花时间较长，容易形成天然杂交，所以高粱是常异交作物。一般天然杂交率为3％～5％，高的20％，低的0.6％左右。天然杂交率与穗型及环境条件有关系，一般紧穗品种杂交率低，散穗品种较高。阴天低温时，开花时间延长，若又多风，异花授粉机会增多。由于高粱具有天然杂交的特性，所以在制种和亲本繁殖时要注意隔离。

（二）籽粒形成与成熟

高粱受精后，茎叶内的有机物质大量输送于籽粒内，子房逐渐膨大，胚与胚乳各部分迅速分化形成，经过籽粒形成期、乳熟期、蜡熟期、完熟期几个时期而完成成熟过程。一般自抽穗开花到成熟，需 40～60 天。

（1）籽粒形成期

受精后，卵细胞开始分裂，经 10 天左右分化形成幼胚。胚乳原核经过多次分裂发育而成胚乳。籽粒形成期以形成籽粒器官为主要特征。这时籽粒水分含量较高，干物质积累较少。

（2）乳熟期

从籽粒形成到蜡熟期前为乳熟期，历时 20 多天或更长。此时灌浆强度增大，干物质积累增多，籽粒内含物由白色稀乳状慢慢变为稠乳状，含水率逐渐下降。乳熟期持续时间愈长，干物质积累愈多。在此期间，籽粒由绿色转为浅绿色，进而变为浅粉色。

（3）蜡熟期

籽粒含水率继续下降，干物质积累由快转慢，至蜡熟末期接近停止，干重达到最大值。胚乳由软变硬，呈蜡质状，籽粒颜色变为红、黄，褐、白等色，因品种而异。

（4）完熟期

籽粒内含物已干硬成固状，用指甲不易压破，有的易从穗上脱落，若不及时收获，往往降低产量与品质。

高粱籽粒灌浆成熟过程中，由于籽粒着生部位、分化发育时间以及灌浆速度的不同，使不同粒位籽粒的重量存在着明显的差异。中部籽粒体积大干重也大，其次是中上部、上部及中下部，下部籽粒较其他各部分显著小而轻，整齐度也差。中、上部籽粒开花受精较早，能优先得到养分供应，干重增长较快，粒重较高。下部籽粒发育晚，自籽粒形成至灌浆中期干重增长一直较慢，至结实后期方才转快，所以粒重较轻。在籽粒形成过程中，如果条件不良，下部籽粒容易退化或停止发育，降低结实粒数与粒重，对产量影响较大。因此，在高产栽培时，积极创造良好条件，在提高中上部粒重的基础上，努力促进下部结实粒数与粒重增加，对夺取高产意义重大。

（三）影响籽粒生长的主要外界因素

1. 温度

高粱开花结实期间生理活性最旺盛，是一生中温度要求最高的时期。温度高低对籽粒灌浆有很大影响。如果籽粒形成与乳熟期均在较低的温度下，则空秕率显著增多，并且不能在霜期来临前正常成熟而严重减产，尤其灌浆期的低温对粒重影响很大。高粱灌浆成熟期间的温度适宜，这时昼夜温差大，光合积累多于呼吸消耗，有利于籽粒中营养物质的积累，使粒重增加。但温度过高，易使灌浆期缩短，影响干物质积累，粒重也会降低。有些高粱产区在高粱结实中后期，气温较低，影响籽粒灌浆成熟，如遇低温冷害，干物质积累极慢或终止，导致粒秕粒轻损失严重，是影响高粱稳产的主要原因。应注意选用早熟耐寒高产良种，适时早播，使高粱开花结实处在较高的温度下，有利于获得高而稳定的产量。

2. 水分

高粱灌浆成熟期间，由于茎叶制造与贮存的养分大量向籽粒输送，仍需要适量的水分。这阶段的需水量占全生育期总需水量的 28％左右，保持土壤水分在田间持水量 70％左右较适宜。水分充足，能延长叶片寿命，保持根系活力，防止植株早衰，使光合作用维持在较高的水平，并能促进养分向籽粒运转，提高粒重与经济产量。如果水分不足，叶片提早枯黄，籽粒充实过程缩短，使空秕粒增多。但结实期间，如秋雨连绵、光照不足、温度降低，也会使同化产物和籽粒干物质积累减少，降低粒重而减产。

3. 养分

高粱籽粒中所积累的有机物质，一部分来自抽穗前体内的贮存营养，大部分为抽穗后的光合作用所制造。抽穗后的较大绿叶面积与较高的光合同化量，对提高粒重与产量有重要作用。氮素充足，能够延长叶片寿命，维持最大叶面积系数的时间较长，有利于光合产物的增加和籽粒中干物质的积累。磷肥能促进碳水化合物与含氮物质的运转，使籽粒饱满，粒重增加，还可提早成熟。

4. 光照

在高粱籽粒成熟过程中，粒重的增加、有机物质的积累，主要靠抽穗后的光合产物所提供。光照是影响光合强弱的主要因素，所以抽穗后的光照条件对籽粒充实关系极大。光照充足，光合同化量多，有机物的运转加快，籽粒充实饱满。如果光照不足，不仅光合强度减弱，而且对氮、磷养分的转化运输有抑制作用，使灌浆过程延缓，粒重降低。

第三节　高粱的主要栽培技术

一、轮作倒茬

轮作倒茬在高粱生产中有重要的意义，通过合理轮作，促使用地与养地相结合，培肥土壤，对于高粱增产有明显的作用。

（一）在高粱生产中开展轮作倒茬的必要性

1. 轮作倒茬有利于土壤养分的均衡利用

研究发现，高粱地上部在收获时会带走较多的养分，而根茬遗留在地里的养分较少，根茬养分遗留量与玉米大体相当，少于大豆，且遗留物中的全氮量要少于大豆和玉米，因此，高粱栽培对于地力的消耗较多，合理轮作，可以避免高粱连作造成的耕层中营养元素缺乏所带来的肥力降低，从而造成高粱产量的减少。

2. 轮作倒茬有利于减轻高粱病害

调查发现，高粱连作一年，黑穗病发病率 $4.4\%\sim6.3\%$，二年发病率 $3.7\%\sim19\%$，三年发病率大大提高，达到 $11\%\sim38.2\%$。与连作相对比，换茬轮作高粱其发病率有效降低，如前作作物为玉米或大豆，发病率明显降低，仅为 $1.6\%\sim5\%$。

此外，由于高粱吸肥力强，对养分的消耗较多，收获高粱后的耕地土壤比较紧密板结，对后作会产生不良的影响，因此，高粱在栽培中，必须实行轮作倒茬。

（二）高粱对前作的要求和后作的影响

1. 对前作的要求

高粱适应性强，对前作要求不高，但为了高粱高产，一般选择固氮力较强的大豆为前茬作物，其次选择施肥较多的小麦、玉米、棉花等作物。玉米混作大豆茬也较为理想，因为玉米混作大豆地上部带走的养分较少，有机质及氮、磷的残留较多。

2. 对后作的影响

高粱虽吸肥力强，消耗养分多，但在春季播层内高粱茬的土壤水分含量比大豆、谷子、糜子等茬口要多。因此，高粱茬有利于后作保苗。此外，高粱还具有改良土壤的作用。

3. 高粱轮作倒茬形式

在北方的高粱产区，大多为一年一熟、二年三熟或三年五熟制。一般情况下，采取的主要轮作换茬有以下方式：

玉米间大豆—高粱—谷子的三年轮作；玉米间大豆—高粱—谷子—春小麦的四年轮作；大豆—玉米—高粱—谷子的四年轮作；冬小麦—夏高粱—冬小麦的二年三熟轮作；冬小麦—夏玉米—春高粱的二年三熟轮作；冬小麦—夏高粱—春玉米的二年三熟轮作；春玉米—冬小麦—夏高粱—冬小麦—夏谷子的三年五熟轮作等。

二、培肥土壤

（一）高粱对土壤的要求

1. 耕层深浅和土壤结构对高粱生产的影响

耕层的深浅与土壤结构状况对高粱根系的发育和吸收能力有着直接影响。在耕层较深和结构良好的情况下，有助于促进根系向下层发展，0～30cm耕层内的根量占总根量的70%左右。浅耕情况下，高粱根系多分布在土壤表层，会使根系的吸收能力受到限制；而深耕能为高粱根系创造深厚疏松的土层，改善土壤、肥、气、热状况，促进根系的伸展和土壤微生物的活动，为高粱的生长发育提供良好条件。因此，深耕改土、加深耕作层、改善耕层结构，能够促进高粱根系发育，从而提高产量。

2. 土壤质地对高粱生产的影响

高粱种植对土壤的要求不高，沙壤土、黏重土、盐碱地或低洼易涝地都可种植，但适宜土壤更有利于高粱产量的提高。已有研究表明，高粱种植在沙土和黏土上，都有不同程度的减产，主要原因在于沙土地结构松散，通气透水性强，有机质分解和养分释放较快，易脱水脱肥，从而影响高粱植株正常生长；黏土地则质地细小，结构紧密，通气透水性差，造成土温上升与养分释放缓慢，影响幼苗生长。所以，若高粱种植选择在沙土和黏土上，必须要对土壤进行改良。

3. 土壤有机质和酸碱度对高粱生产的影响

有机质含量丰富的土壤更能促进高粱的生产。土壤的有机质含量丰富，就会形成水稳性的团粒结构，改善了土壤的物理性状，增强了土壤的保水和保肥能力。因此，通过增施有机肥料，培肥土壤，是提高高粱产量的重要措施。

高粱适应性强，具有较强的耐盐碱能力，一般情况下，适宜生长的pH值范围为 6.5～8.0，但高粱全生育期不同阶段，其耐盐碱的能力有所区别，发芽出苗期其耐盐碱力较弱，随着生长其耐盐碱力逐渐增强。

（二）深耕整地

深耕不仅能促进根系深扎，并且根数增多，从而扩大了根系吸收水分、养分的范围，使地上部生长良好，提高产量。

深耕应在秋季前作物收获后即时进行，以便积蓄秋冬雨雪，做到秋雨春用，并延长土壤熟化时间，达到"春墒秋保、春苗秋抓"的目的，秋耕深度以 20～25cm 为宜；冬季雪少、冬春风多地区，秋耕地应耙耱过冬，有条件地块要进行冬灌蓄墒；春季北方高粱产区大多干旱少雨，要尽量避免由于春季耕翻引起的散墒、跑墒，早春土壤解冻时要及时顶凌耙耱，土块多的可先压后耙，以提高碎土保墒效果，做到精细整地，涝洼地要提早进行顶凌浅翻，以免返浆期土壤水分过大，机车不能作业，影响适时播种。

夏播高粱地区，面临夏季高温少雨、蒸发量大，必须抢时抢墒进行整地。麦收后如整地延迟，土壤水分严重损失会影响苗全。因此，要合理安排劳力，随收、随浅耕来茬，随耙耱整平连续作业，缺墒严重，要在麦收前先浇一次"底墒水"，麦收后立即整地播种。

（三）施用基肥与种肥

高粱较耐贫瘠，但同时又是喜肥作物，生育过程中需要吸收大量的氮、磷、钾肥，合理施肥，保证高粱对养分的需求，是夺取高产的关键。

1. 施用基肥

高粱对养分的需求随着产量增加而增多，增加基肥用量培养地力，是提高高粱产量的有效措施之一。增产效应因土壤肥力水平和施肥数量不同差异较大。当肥力与施肥水平较低时，每千斤基肥增产较多；土壤肥沃、施肥水平高的，增产幅度较小。一般情况下，千斤农家肥料作基肥，大约可增产高粱 40 斤。因此，对低产田多施肥，提高施肥增产效益，是经济用肥实现全面增产的有效措施。

高粱北方产区，春季气温低、干燥多风，春季翻耕施肥会大量失墒，还影响播种质量，是形成缺苗的重要原因之一。因此，春播高粱的基肥最好在秋深耕时施入，以便有充分时间进行分解，提高肥效，并防止跑墒、散墒。磷肥在幼苗时期就对高粱生长发育有明显作用，可促进根系的生长，使根系强大，吸收能力增强。生产上为防止单施磷肥为土壤中钙质固定而降低肥效，应将磷肥与有机肥料一起沤制施用。

夏播高粱生长期短，可结合播前整地用充分腐熟的农家肥料作基肥，也可在播种时集中条施或穴施。在缺乏有机肥时，可施用碳酸氢铵 40～50 斤（1斤＝500 克）或硫酸铵 30～40 斤作基肥，结合整地施入。如果生长季节短，为了争取时间及时抢种，也可给前作加大基肥施用量，做到一季肥料两茬用，播种时再适当增加种肥用量。基肥的施用，耧播或机械平播的，在耕翻或耙地前将肥料撒施地面而后翻入，或耙于耕层中。起垄播种或用犁播的，可进行条施。基肥结合秋耕施用较春施效果好，有利肥土相融，促进养分转化。

2. 施用种肥

播种时施用种肥，对促进根系发育、培育壮苗有重要作用。施用氮素化肥作种肥，有明显增产效果。一般可增产 5％～10％，但用量不宜过多，避免局部土壤浓度过大，影响种子发芽。硫酸铵每亩 10 斤左右为宜，超过 20 斤，田间出苗率显著降低。尿素因能伤害幼芽幼根，造成烧种，不宜做种肥。碳酸氢铵性质极不稳定，容易分解挥发，做种肥深施比追肥效果好，尤其在干旱、瘠薄、施肥量又少的地区是种较好的施肥方法。其好处在于碳酸氢铵深施因下层土壤湿润，有利于养分溶解与吸收，以减轻表层施肥的挥发与流失，其次碳酸氢铵深施，挥发的氨气能被土壤胶体吸附，可供高粱缓慢吸收利用，又能减轻对种子发芽的抑制作用；同时春播时气温低，可减少氮素损失，提高肥料利用率。

除氮肥外，磷肥对高粱也有明显增产作用，施磷增产效果与土壤有效磷含量有关，土壤有效磷含量低比含量高的增产作用大。磷肥在土壤中移动性小，容易被土壤固定，做种肥集中施于种子附近可避免被土壤固定。同时，由于磷肥在植株体内能被重复利用，所以一般做种肥效果好于追肥。如与氮肥配合混施，能够收到比单施更好的效果。这是由于氮、磷混施可加强植株氮、磷代谢机能，促进根系发育，增强根系吸收能力，使植株吸收氮、磷、钾数量增多。试验表明，高粱播种时氮、磷配合施用比单施磷的氮、磷、钾的吸收量增加，吸肥速度也快，如生育前期出苗至拔节，氮磷混施吸收的三要素占全生育期的12％～20％，而单施磷的只吸收 4％～6％，到开花前，氮磷混施的绝大部分磷、钾已被吸收利用，仅有 20％的氮是在生育后期被吸收，这对促进幼穗良好发育有重要意义，而单施磷的在此时吸收的三要素尚不足 60％，有 40％以上的养分是在生育后期吸收。由于氮、磷混施植株吸肥快而多，因此能加速植株发育，提早成熟，增加产量。

3. 播前浇灌

高粱种子萌发阶段需水较少，占全生育期耗水量的 3% ～ 4.4%，但若土壤干旱，含水量低于种子发芽最低限时，仍会影响种子发芽出苗。尤其是春播高粱产区，冬春两季往往风多雨雪少，造成播前土壤干旱，缺墒严重，播前灌溉能大大提高粱的出苗率。

三、播种保苗

苗全、苗齐、苗壮是高粱丰产的基础，确保全苗是播种阶段的主要任务。在生产上，高粱缺苗断垄比较常见，究其原因主要是：大多杂交高粱发芽时要求有较高的温度，但在春季低温条件下，种子出苗缓慢，容易造成粉种和霉烂；有些杂交高粱根茎短，芽鞘软，要求浅播，与春季少雨干旱的气候条件矛盾较大，常因整地不细、土壤失墒，造成出苗不齐不全；有些产区，高粱种子成熟期间，降温快，秋霜早，种子含水量较高，贮藏时容易伤热、受冻，降低或丧失发芽能力，造成严重缺苗；地下害虫危害对高粱出苗也形成了一定的威胁。采取有效措施，做好播种工作，是保证丰产的关键。

（一）种子准备

1. 选用良种

为了提高种子的发芽力，在播种前应通过筛选、风选等方式精选粒大且饱满的种子作种。在生产上，由于种子都有其一定的适应性，必须因地制宜地选用良种，才能发挥良种的增产作用。

（1）根据生育期选用良种

良种的生育期必须适合当地的气候条件，既要能在霜冻前成熟收获，又不宜生育期过短，以充分利用生长季节，提高产量。

（2）根据土壤、肥水条件选用良种

在肥水条件充足的地方，宜选用耐肥水、抗倒伏、增产潜力大的高产品种，反之，地瘠干旱地方，应选择抗旱耐瘠、适应性强的稳产品种。

（3）良种要合理搭配

合理搭配良种，避免品种单一化和品种过多。品种单一化不利于抗拒自然灾害和调节劳动力；品种过多，主次不分，又会影响良种良法配套，不利于发挥良种的增产作用。因此，应根据土壤肥力、品种生育期长短的不同，因地制宜地合理搭配品种。

2. 种子处理

种子质量是决定出苗好坏的内在因素，播种前种子处理是提高种子质量、促进苗全苗壮的有效措施。

（1）发芽试验

播种量的多少可通过播前发芽试验来确定。在种子用量相同时，杂交高粱比普通高粱田间出苗率低。在生产上，发芽率低或者整地质量不好时，往往出苗很差。一般情况下，种子发芽率要高于95%以上才能作种。

（2）选种、晒种

种子播种前，应通过筛选，淘汰秕瘦、损伤、虫蛀籽粒，选出粒大饱满种子作为良种，从而保证出苗率和苗壮。

播种前晒种，能促进种子生理成熟，增强种子的透水通气性，提高酶活性和种子生活力。晒种一般选择在播种前的半个月左右，选择温暖晴天将筛选出的良种摊于席上，厚约2寸（1寸≈3.33厘米）左右，连续晒4天左右。晒时要经常翻动，并防止受冻、受潮。对于收获较迟和成熟度差的种子，晒种效果更好。

（3）浸种催芽

用55~57℃的温水浸种3~5分钟，晾干后播种，有增墒保苗与防治病害的作用。催芽播种可防止早播粉种，提高保苗率的作用。在生产上，也可用激素拌种，促进根茎伸长，加快出苗速度，提高出苗率，可避免粉种。在春旱缺墒或土壤黏重情况下，促进出苗。

（4）药剂拌种

为了防治高粱黑穗病，可用相当于种子重量0.3%的五氯硝基苯或菲醌拌种，或用种子重量0.7%的0.5%萎锈灵粉拌种，也可用氯丹或乐果拌种。

（二）播种

1. 播种期

适时播种，是保证苗全、苗壮和提高产量的关键。高粱适宜的播种期，应根据自然条件、栽培制度和品种特性来确定，但主要影响因素取决于温度和水分条件。高粱是喜温作物，如播种过早，土壤低温多湿，种子吸水后长时间不能发芽，时间过长，易引起粉籽现象或霉烂，尤其是杂交高粱，种子发芽时所要求的温度比普通高粱要高，普通高粱土壤 5cm 深处温度稳定在 10～12℃，杂交高粱要稳定在 12～13℃播种较为适宜。晚熟品种生育期长，要求积温高，应适时早播；早熟品种生育期短，早播挑旗打苞阶段遇阴雨不良气候影响，易引起枝梗与小穗小花大量退化，因此应适当晚播；岗地、沙地，地温上升快，保墒难，应早播；洼地、黏土地含水量高，温度上升慢，早播易引起粉种霉烂，可适当晚播。此外，还要根据土壤墒情因地制宜安排播期，"低温多湿看温度，干旱无雨抢墒情"。

高粱播期对保苗有很大的影响，也会对其生长发育、幼穗分化和产量影响明显，高粱生育期因播期不同变化较大。尤其是出苗至抽穗的日数变化最为显著，因播期提早而延长，推迟而缩短。而抽穗至成熟日数，受播期影响变化较小。也说明不同播期生育期长短主要取决于出苗至抽穗日数的不同。出苗至抽穗，是高粱营养生长和幼穗分化形成的重要时期，其长短与穗粒性状和产量密切相关。早播经历时间长，可增加前期营养物质积累，并可延长幼穗分化时间，形成的小穗小花多，因而每穗粒数多。播种晚，因温度升高，生长发育加快，穗分化时间缩短，产量显著降低。因此，适时早播，既有利保苗，也利于穗大粒多。

2. 播种深度

高粱播种深度与保证全苗关系很大。尤其对于杂交高粱和多穗高粱，根茎短，芽鞘软，顶土力弱，播种时要求播深一致，覆土要浅。播种太深，幼芽出土困难，在土壤中往往呈螺旋式生长，放开第一、二个叶片，以致丧失拱土能力，造成严重缺苗；同时，由于播种太深，根茎伸长消耗胚乳中大量营养，导致幼苗细弱，生长缓慢。但播种过浅，种子容易落干，导致出苗不全。

适宜的播种深度还应根据土质、墒情、品种等来确定。黏土地，易板结，难出苗，播种宜浅；沙土保墒差，易出苗，播种深度可适当增加。墒情好时也可以适当浅播。

3. 播种量

播种量应根据种子发芽率、种子质量、留苗密度、播期和播种方法来确定。一般情况下，杂交高粱和多穗高粱应比普通高粱播种量要高；大粒种比小粒种要多；抢墒早播的比适时播种的多；春播比夏播的多；种子质量差的比种子质量好的多；开沟撒播要比娄播、机播的多；整地质量差或墒情不好的要多些。因风、旱、病虫等灾害影响，实际播种量往往为留苗的数倍以上。播量太大，不仅浪费种子，且间苗定苗费工，幼苗生长细弱。一般发芽率 95％以上，每亩播量 1.5 公斤左右。但对发芽率低、整地质量差或地下害虫多的地块，应适当增加播种量。对于不间苗的地块，可实行精量播种。

4. 播种方法

高粱播种主要有平播与垄播两种。除机械播种外，还有耧播、犁播等。用犁开沟及人工点播的，容易失墒及覆土深浅不一，往往造成出苗不齐和缺苗，最好改用条播机或点播种机播种，以提高播种质量和播种效率。

5. 播后镇压

播后要及时镇压，使种子与土壤紧密接触，加强提墒作用，促进种子发芽，并能减少土壤大孔隙，防止透风跑墒。丘陵山地和沙土地，土壤水分易蒸发，播后要早压、多压；涝洼地含水多，播后应适当晾墒至地表发白时再行镇压，以免土壤板结，影响种子发芽与出苗。

（三）地下害虫防治

地下害虫也是造成高粱缺苗断垄的重要原因之一。危害高粱的地下害虫主要有蝼蛄、蛴螬、金针虫、网目砂潜、地老虎等，这些害虫咬食种子造成缺苗断垄，断伤根系使得幼苗萎蔫死亡，因此，防治地下害虫是保证高粱一次播种保全苗的重要措施。洼地、黏土地和大豆茬播种的高粱，地下害虫较多，可采用播前药剂（拌种药剂可选择氯丹和乐果）拌种或播种时施用毒土、毒谷。拌后堆闷 4 小时，晾干后即可播种。施用毒土时，播种时用施药筒施于种子下层，避免产生药害。

四、种植密度

高粱产量是由每亩穗数、每穗粒数和粒重构成的。合理密植就在于正确处理三者关系，使三者的乘积达到最大数值。在一定密度范围内，高粱随着植株的生长发育，株体日益增大，植株间的相互影响随之增加，愈接近生育盛期，影响愈明显。

（一）种植密度对高粱生长的影响

1. 对分蘖的影响

在合理的密度范围内，密度增加虽然会造成单株分蘖的减少，但在单位面积内的有效分蘖数会显著增加。当密度超过一定范围，单株分蘖急剧减少，茎细，节长，穗小，单株穗粒重和千粒重显著降低，导致减产。

2. 对叶面积的影响

在一定密度范围内，单株叶面积随着密度的增加而减少，但叶面积系数却随着密度的增加而加大，这就为在单位面积上获得高产创造了条件。

3. 对干物质积累的影响

干物质的积累与叶面积的大小有直接关系。一般密植程度高，叶面积系数大，干物质积累就多。但是，密度过大时，由于通风透光不良，生长后期下部叶片会大量枯干，叶面积系数和干物质的积累反而会减少。

4. 对田间小气候的影响

随着密度增加，地面覆盖及田间湿度增大，同时，光照强度减弱，尤其下层叶片更为显著，使弱光区（光照强度低于 2.5 万勒克斯）的临界面上移，如临界面超过高粱后期功能叶片（上部 1～4 片叶）的高度，则将严重影响养分的制造和积累，所以密度超过一定限度（叶面积系数 5～6），反而会减产。

（二）合理密植

高粱的种植密度应根据当地自然条件、栽培水平和品种特性等，全面考虑，既要充分利用地力和阳光，又要使群体结构适宜，保证田间通风透光，个体发育健壮，达到增产的目的。合理密植，除要求单位面积上总株数适宜外，还要求植株配置方式合理，既要充分利用地力、阳光，又要保证田间通风透光，同时还要便于田间管理，特别要考虑适于机械化管理。目前，密植方式有穴播（即一穴双株或三株），大行小株，宽窄行等。穴播密植是一种稀中有密，密中有稀的种植方式，其优点是有利于通风透光获得较高产量，同时可节省种子，并有利于保证全苗，适于用机械点播。大行小株，有利于通风透光和田间管理，是目前北方高粱密植的主要方式。宽窄行种植便于在大行距内间作套种，尤其是在水利条件较好的地区采用适当行距、行数与小麦套种，增产效果显著。高粱合理的密度除与自然条件有关外，与品种的特性和栽培条件也有密切关系。秆低，植株紧凑的，应比植株高大的密度大；单秆品种应比分蘖品种密度大；早熟品种应比晚熟品种密度大；水地密度应比旱地大；肥地应比瘦地大。

我国北方各地自然条件、栽培制度以及品种分布各不相同，高粱适宜种植密度也因地区而异，但只要密度合理，增产效果就很显著。各地生产实践证明：当前在中、上等地力和栽培条件下，每亩保苗 6000～10000 株，都有获得千斤产量的，而以 8000 株左右较为适宜。低于 6000 株，靠提高单株穗粒重来获得千斤产量的把握不大。高于 1 万株，则由于通风透光条件恶化，个体间矛盾加剧，常造成竞争徒长，秆细节长，穗粒重下降，也会使产量降低。各地密植程度的变化，大体是春播早熟地区密度大于春播晚熟地区，而春夏播地区的春播高粱密度小于春播晚熟区。夏播的密度大于春播的，以不低于 7500 株为宜。

五、田间管理

（一）苗期管理

高粱苗期主要是扎根长叶，地上部分生长较缓慢。田间管理的主要目的是达到苗全、苗齐、苗匀、苗壮，为丰产打下基础。长相指标是全苗满垄，幼苗矮壮紧凑、整齐，叶片宽而色黑，根系发达。主要措施如下。

1. 破除板结

出苗前，如田面因下雨形成板结，影响出苗，可用轻型钉齿耙破除板结，或进行闷锄破光，除去杂草，并能提高地温，提早出苗。耙地深度以不超过播种深度为限，以免土壤干燥影响发芽。黏土地或盐碱地在出苗后如果地面板结，也可浅锄或用轻型钉齿耙破壳，耙地方向以横向耙为宜。

2. 间苗、定苗

早间苗适时定苗，可减少地力消耗，避免苗欺苗，相对扩大了个体营养面积。因此，在幼苗长出 3～4 片叶时就应将过密及发育不良的幼苗拔除，到 5～6 片叶时定苗。但在地下害虫多，盐碱为害重的地，定苗可稍晚一些。夏播高粱生长发育快，应强调早间、定苗。麦田套种的高粱为防收麦时伤苗，如苗尚小，可在收麦后定苗。定苗要均匀，严格按照预定密度留苗，并选留壮苗。如有缺苗，要结合间定苗进行移苗补栽。

3. 中耕

中耕是促根壮苗的有效措施，一般在拔节前进行两次。第一次结合定苗浅锄（1.5～2 寸），防止埋苗。第二遍在拔节前深刨（4～5 寸）或深耪，切断浅土层中部分根，促使新根大量发生，并向下深扎，增强吸收能力，使植株矮壮墩实，叶肥色浓。分蘖力强的品种，可在中耕时扒土使分蘖节微露，增大昼夜温差，促使分蘖生长。深中耕有蹲苗作用，对于秆高易倒伏的杂交高粱，可在拔节前多进行深中耕，控制其生长。

4. 分蘖的去留

一般我国高粱品种分蘖力弱，分蘖发生也较晚，往往不能成熟，反而消耗养分和水分，影响产量。因此，在苗期中耕时要及时除去分蘖。多穗高粱和一部分国外高粱与杂交高粱，分蘖力较强，适当保留部分分蘖可以大幅度提高产量。但分蘖不可保留过多，以免增多无效分蘖，并使有效分蘖成熟不一致。一般以保留每亩有效穗约 1 万穗为宜。分蘖的去留及留蘖多少，除应考虑品种特性外，还应结合留苗密度、地力肥瘦和生长期长短加以考虑。

5. 酌施苗肥

高粱苗期一般不追肥。对高秆品种及地力肥、底墒足、幼苗壮的更要进行蹲苗。但对瘦地、弱苗则应酌施苗肥，以免生长过慢形成"老苗"。对于矮秆类型的杂交高粱和利用分蘖成穗的矮秆品种，由于苗期生长缓慢，后期不易倒伏，为了促使苗壮株旺早发分蘖，增加产量，可在苗期适当施肥。苗期一般不浇水，夏播移栽高粱，栽后一周内要连浇两水，促进缓苗。浇后趁墒情适宜时，多锄，细锄，促进根系发育。

（二）拔节孕穗期管理

春播高粱在出苗后 40～50 天，约长出 10 片叶时，即开始拔节，幼穗也开始发育，营养生长和生殖生长同时并进，进入生长最旺盛的时期，也是决定穗大小和穗粒数的关键时期。这段时间内，高粱对肥、水、温、光的要求都较高，栽培管理的任务是对营养生长和生殖生长同时促进，使高粱茎粗，叶茂，根系发达，穗大粒多。这时期的丰产长相是株型粗壮，根深叶茂，叶宽色浓。管理的重点如下。

1. 重施拔节肥

拔节至抽穗是高粱需肥最多的时期，也是肥、水发挥作用最大的时期，追施速效氮肥可获得显著增产效果。

高粱追肥要施在最关键的时期。据各地经验及生长实践证明，高粱追肥增产效果最显著的时间是拔节期，即穗分化第三阶段枝梗分化期。这时追肥不仅能继续促进根、茎、叶的生长，更重要的是能促进幼穗发育，使穗的分枝数和粒数增加。因此，应重施拔节肥。基肥足，地力肥，后期不会脱肥的，及肥料少、只能追一次肥的，应在拔节始期一次追施。肥料较多（亩施 30～40 斤）或地瘦，基肥少，苗弱，后期有脱肥可能的，可在拔节和孕穗挑旗各施一次，拔节期施三分之二攻穗，孕穗挑旗期施三分之一攻粒。如争取高额丰产，追肥数量多（50～60 斤）的，可在分蘖、拔节、孕穗期分三次施用，拔节时重施（30 斤），分蘖、孕穗期轻施（各 10～15 斤）。对高秆易倒的品种，拔节期追肥和浇水可略晚一点，以免基部节间过度伸长；低秆品种则可适当提前。

夏播高粱生育快，应采取以促为主的追肥原则，不进行蹲苗，特别是未施基肥的，及早追肥更为必要。一般应在幼穗分化初期一次追施。夏播移栽高粱，移栽后 20～25 天，幼穗开始分化，应在此时重施追肥。

2. 适时浇水

高粱虽有抗旱能力，但拔节以后，气温高，生长快，蒸腾作用旺盛，抗旱能力减弱，同时地面水分蒸发量也增大。北方春播高粱这一时期的耗水量，占全生育期田间总耗水量的 54.2%，因此常感水分不足。特别在加大密度、增施肥料的情况下，往往因水分不足而影响产量。穗分化期"胎里旱"和挑旗抽穗期的"卡脖旱"，对产量的影响都很严重。因此，拔节孕穗期，应在追肥后根据降雨情况，适时浇水，使土壤水分保持田间最大持水量的 60%～70%。

3. 中耕培土

拔节孕穗期追肥浇水以后应及时进行中耕。一般在拔节、孕穗时各进行一次，深 2 寸左右，并结合中耕，进行培土。对于拔节过猛的，在拔节期追肥浇水后可深中耕 3～4 寸，控制茎秆生长，防止后期倒伏。

4. 喷矮壮素防徒长

对拔节过猛有徒长趋势的高粱可喷 0.1% 矮壮素，控制徒长。

（三）抽穗结实期管理

这一时期是高粱开花结实的生殖生长阶段，是决定粒重的时期。这时营养生长停止，叶的同化作用加强，是积累有机物质最多的时期。这时期高粱的功能叶片是从上向下第 1～4 片叶，籽粒灌浆饱满与否，主要决定于这几片叶光合效率的高低，同时也取决于根系吸收能力的强弱。因此，保护根系和功能叶有旺盛的生活力，对提高粒重、决定产量有重要意义。

这一阶段管理的任务是：保根养株，保叶攻粒，防止早衰和晚熟，争取粒大籽饱。管理措施如下。

1. 适时浇水

开花灌浆期，高粱需水量约占全生育期田间总需水量的 18.2%，此时期土壤水分宜保持最大持水量的 50%～60%，如遇干旱，还需适量浇一次水，使水分供应正常，以防叶片早枯。但水量不可过大，以免遇风倒伏。在雨水过多时，还要排水防涝，以免根系生活力下降。

2. 看苗追肥

如果抽穗后叶色发黄，需追一次"催籽肥"，可用稀人粪尿或化肥结合灌水施入，但肥量不宜过多，防止贪青晚熟，也可根外喷 1% 尿素水。

3. 后期浅锄

在无霜期短的地区，高粱成熟期常出现低温，造成贪青晚熟，以致遭受霜害，或因低温多雨诱发发炭疽病而减产。这些地区可在乳熟期（晒青米）进行浅锄散墒，提高地温，促进成熟，使籽粒饱满。后期浅锄还可除去杂草，多纳秋雨，对后茬作物抗旱保苗也有良好效果。

4. 打叶

有的地区在高粱成熟期有打叶的习惯。打叶可以为牲畜提供饲草，又有利于通风透光，促进早熟。但打叶必须适时、适度，否则会降低产量和品质。因此，必须打叶的，可在籽粒蜡熟期约在抽穗 20 天以后进行，并须保留上部 5～6 片，不可打得过早、打叶过多。

5. 防止倒伏

除前期采取措施防止倒伏外，在后期有倒伏象征或已发生倒伏时，可用本身叶片将植株三、五株捆扎起来，互相支持，使开花、授粉、灌浆能正常进行。

6. 防治蚜虫

杂交高粱茎叶繁茂，汁液多，有的含糖量高，成熟时茎叶仍鲜绿，在干旱高温时容易发生蚜虫为害，严重影响产量。因此，要注意预测预报，将其早期消灭。早期消灭中心蚜株，可轻剪有蚜底叶，带出田外销毁。点片施药用 0.5 乐果粉或 40% 乐果乳油 1500 倍液；每亩用 40% 乐果乳油 50 毫升，兑水 0.5 公斤，拌入 15 公斤细砂土内，每株新叶施撒 1 克；10% 吡虫啉 2500 倍液，或用 50%抗蚜威乳油 3000 倍液，或用 40%蚜灭克乳油 1000 倍液，或用 40%乐果乳油 1500 倍液喷雾。

7. 药剂催熟

在寒冷地区，中等以上肥力的土地，于高粱灌浆初期用 1000mg/L 的乙烯利全株喷洒或穗子局部喷洒，一般早熟 8～9 天，避免了冷害，增产效果显著。使用时，要注意，不可喷得过早。据试验，挑旗以前喷洒，则严重抑制营养生长，反而减产。

第四节　高压电场对高粱种子萌发及苗期生长生物学效应的研究

一、高压电场处理条件优化筛选

高压电场作为一种综合效应场，对作物的生物效应的影响除了要考虑电场强度的大小和处理时间的长短之外，还要考虑到电场的类型、作物品种自身的特性等因素[1]。通过高压电场处理植物种子来提高种子活力是电场生物效应研究最早和应用范围最广的领域。目前，研究的作物已涉及药用植物、蔬菜作物、果树作物及林木作物等，但是由于使用电场发生装置的不统一及作物品种的多样性，高压电场处理机理的不确定性，到目前为止对于不同作物的高压电场处理剂量还没有一个确定的范围，所以需要根据作物的种类、品种，通过大量的预试验进行筛选[6]。高粱是世界上五大谷类作物之一，在我国有着悠久的栽培历史，它不仅可食用，还可作为饲料，制造淀粉、酿酒等工业上所用的原料等。因此，有效提高高粱种子的活力，促进其生长和增产，是农业研究领域的一项重要课题。目前，高压电场技术应用于高粱种子处理方面的研究鲜见报道，本研究试图通过二次通用旋转设计和主成分分析相结合的统计方法，用高压电场处理高粱种子，筛选并优化其种子萌发的电场处理条件，为高压电场在农业生产上的应用提供依据。

（一）试验内容

1. 试验材料

（1）种子材料

供试高粱种子品种为晋杂 122 号高粱种子，由山西农业大学（山西省农业科学院）高粱研究所提供，该种子于 2013 年收获，含水率为 12.8％±0.4％，千粒质量为（29.85±0.36）g，收集后的高粱种子于室温 15℃以下，相对湿度（relative humidity，RH）60％～65％的环境中保存待用。

（2）高压电场发生装置

高压电场发生装置如图 2.1、图 2.2 所示，由电场发生器、金属网、塑胶绝缘棒、金属板等部分组成。电场发生器采用闭环调整高频脉宽调制技术，将频率为 50Hz 的交流电压，经多级倍压整流得到直流高压，输出电压 0～150kV 之间。高压输出端和零线端分别与绝缘棒支撑的金属网电极和绝缘棒下面金属板相连，绝缘棒的高度为 10cm，在金属网和金属板间形成一个连续可调的均匀正向电场，种子平铺在下面的金属板上进行处理。注：电场强度＝金属网板之间的电压（kV）/金属网板之间的距离（cm）。

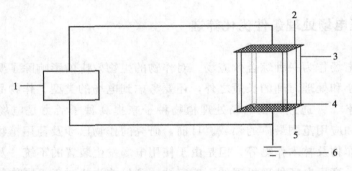

1—电场发生器；2—金属网；3—塑胶绝缘棒；4—高粱种子；5—金属板；6—大地

图 2.1　高压电场发生装置示意图

图 2.2　高压电场处理种子的实物图

2. 试验设计

（1）高压电场处理条件的确定

根据预试验结果和相关高压电场处理作物种子的研究结果，确定高粱种子萌发的电场处理条件为：电场强度取值范围为 100～800kV/m，处理时间取值范围为 5～60min。

（2）高压电场处理条件的优化筛选

试验采用二因素（电场强度、处理时间）二次通用旋转组合设计，电场强度（kV/m）和处理时间（min）为因变量，未经处理为对照，试验因素水平与编码见表 2.1。二因素二次通用旋转组合设计结构矩阵见表 2.2。将电场处理后的种子进行发芽试验，测定种子萌发指标，运用主成分分析方法把上述 7 个发芽指标转化为单个综合活力指标，以综合活力指标为目标函数，构建数学模型，经模型寻优，得到电场处理条件优化方案。

表 2.1 试验因素水平与编码

编码水平	电场强度 $Z_1/(kV/m)$	处理时间 Z_2/min
Z_{2j}	800	60
Z_{1j}	100	5
Δ_j	247.5	19.44
1.414	800	60
1	700	51
0	450	32
−1	200	13
−1.414	100	5

表 2.2 二因素二次通用旋转组合设计结构矩阵

处理编号	编码		处理组合	
	X_1	X_2	$Z_1/(kV/m)$	Z_2/min
T_1	1	1	700	51
T_2	1	−1	700	13
T_3	−1	1	200	51
T_4	−1	−1	200	13
T_5	−1.414	0	100	32
T_6	1.414	0	800	32
T_7	0	−1.414	450	5
T_8	0	1.414	450	60
T_9	0	0	450	32
T_{10}	0	0	450	32
T_{11}	0	0	450	32
T_{12}	0	0	450	32
T_{13}	0	0	450	32

3. 试验方法

（1）高压电场处理高粱种子

每处理挑选饱满、整齐一致的 150 粒（约 4.5g）高粱种子，单层平铺在金属板中央（忽略高压电场的边缘效应），共 13 个处理，按表 2.2 处理组合进行处理。

（2）高粱种子的萌发试验

按照 GB/T 3543.4—1995《农作物种子检验规程 发芽试验》标准进行发芽试验。将处理后的高粱种子置于 50mL 的烧杯中，用 10% H_2O_2 溶液浸泡消毒 10min，消毒过程中用玻璃棒间断搅拌；种子消毒后，用蒸馏水冲洗 3次，整齐均匀摆放在直径为 9cm 培养皿的两层滤纸上，每皿 50 粒，共 13 个处理，1 个对照，分别 3 次重复；将其放入 25℃恒温培养箱中进行发芽试验。每天定时浇适量去离子水，保持滤纸湿润，发芽结束后，统计计算种子的发芽势、发芽率、发芽指数、活力指数，测量幼苗的芽长、根长，称量幼苗的鲜重。

4. 高粱种子萌发指标的测定

（1）种子发芽势的测定

将处理后的种子按要求放入恒温培养箱后，每天记录高粱种子的发芽数（萌发以胚根突破种皮 2mm 为标准），发芽第三天计算高粱种子的发芽势。

$$发芽势（\%）=（S_1/S_T）×100\% \tag{2-1}$$

式中，S_1 表示第三天发芽的种子数；S_T 表示供试种子数。

（2）种子发芽率的测定

发芽结束后，计算高粱种子的发芽率。

$$发芽率（\%）=（S_2/S_T）×100\% \tag{2-2}$$

式中，S_2 表示发芽试验结束时长成的正常幼苗数；S_T 表示供试种子数。

（3）种子发芽后幼苗芽长、根长的测定

种子发芽结束后，每种处理随机选取 10 株幼苗，用直尺分别测量其根长和芽长，记录并取其平均值。

（4）种子发芽后幼苗鲜重的测定

按照步骤（3），测完幼苗的芽长和根长后，用清水冲洗干净，用滤纸吸干其水分后迅速称量其鲜重，记录并取其平均值。

（5）种子发芽指数的计算

$$发芽指数（GI）=\sum（Gt/Dt） \tag{2-3}$$

式中，Dt 表示发芽天数，Gt 表示与 Dt 相对应的每天发芽种子数。

（6）种子活力指数的计算

$$活力指数（VI）＝GI×S \tag{2-4}$$

式中，S 表示发芽结束时幼苗的鲜重，g。

（二）数据处理

利用 Excel、DPS、SPSS13.0、Matlab 等软件对观测数据进行方差分析、多重比较分析并绘图和制表。

（三）结果与分析

1. 高压电场对高粱种子萌发活力的影响

（1）高压电场对高粱种子发芽势的影响

种子发芽势是指种子在萌发过程中，发芽的种子数达到最高峰时，其发芽的种子数占供测样品种子总数的百分率。一般情况下，以发芽试验规定期限的最初 1/3 期间内的种子发芽数占供试种子数的百分比为标准。种子发芽势在一定程度上反映了种子的优劣，它也是鉴别种子发芽整齐度的指标，表示种子发芽速度和幼苗生长速度。发芽率相同时，发芽势高的种子，表明种子生命力强[7]。从表 2.3 可看出，与对照相比，高粱种子经高压电场处理后的发芽势均有一定程度的提高，其中 T_8 发芽势最大，为 71.1%，比对照提高了 27.9%；T_6 发芽势最小，为 56.5%，仅比对照提高了 1.62%。从图 2.3 可看出，T_4、T_6 与对照差异不显著，T_5 与对照间的差异达到显著水平，其余处理与对照间的差异均达到极显著水平。处理间 T_4、T_5、T_6 及 T_8 与其余各处理之间差异显著，T_1、T_2、T_3、T_7、T_9、T_{10}、T_{11}、T_{12}、T_{13} 之间及 T_4、T_5、T_6 之间差异均不显著。

表 2.3　二因素二次通用旋转组合设计结构矩阵和试验结果

处理编号	发芽势/%	发芽率/%	芽长/cm	根长/cm	鲜重/g	发芽指数	活力指数
CK	55.6±2.0	88.8±1.2	6.07±0.08	7.10±0.19	0.1638±0.0011	75.4±3.2	12.35±0.13
T_1	65.7±1.9**	89.7±0.7	6.32±0.12*	8.25±0.15**	0.1684±0.0014**	80.7±0.5**	13.59±0.21**
T_2	67.3±1.1**	90.4±1.0	6.86±0.06**	8.72±0.15**	0.1721±0.0016**	81.3±1.6**	13.99±0.63**
T_3	64.3±2.0**	92.9±1.5*	6.32±0.08*	8.16±0.11**	0.1695±0.0015**	79.7±1.1**	13.51±0.51**
T_4	57.7±1.3	86.7±3.1	6.20±0.12	7.43±0.22*	0.1665±0.0024	76.2±1.2	12.69±0.58

续表

处理编号	发芽势/%	发芽率/%	芽长/cm	根长/cm	鲜重/g	发芽指数	活力指数
T_5	59.2±1.2*	88.2±3.0	6.13±0.11	7.12±0.12	0.1587±0.0018**	77.9±0.5	12.36±0.53
T_6	56.5±0.4	86.2±2.1	6.28±0.31*	8.06±0.15**	0.1666±0.0018	79.0±2.3**	13.16±0.43
T_7	65.4±1.0**	89.7±1.9	6.43±0.06**	8.35±0.18**	0.1699±0.0016**	80.7±0.8**	13.71±0.38**
T_8	71.1±1.0**	90.4±0.8	6.76±0.09**	8.68±0.12**	0.1696±0.0007**	88.3±1.7**	14.98±0.20**
T_9	66.4±2.1**	89.8±1.2	6.84±0.09**	9.04±0.06**	0.1796±0.0026**	87.4±1.0**	15.70±0.29**
T_{10}	66.1±3.5**	90.6±1.8	6.85±0.09**	8.81±0.19**	0.1807±0.0009**	84.5±0.9**	15.27±0.15**
T_{11}	66.8±1.7**	91.0±2.4	6.94±0.05**	8.95±0.19**	0.1805±0.001**	85.7±1.5**	15.47±0.63**
T_{12}	67.1±2.0**	92.3±1.9**	6.97±0.10**	9.18±0.09**	0.1825±0.0026**	85.2±1.0**	15.55±0.77**
T_{13}	66.7±2.7**	90.9±2.1	6.87±0.08**	8.96±0.17**	0.1806±0.0017**	85.1±1.9**	15.37±0.79**

注：** 表示处理组与对照组差异极显著（$P < 0.01$）；* 表示处理与对照差异显著（$P < 0.05$）。

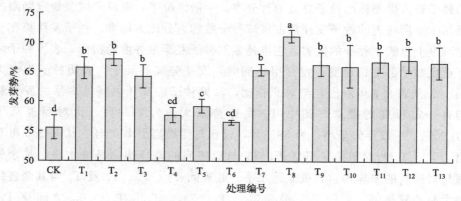

图 2.3　萌发期不同处理对发芽势的影响

柱状图上的小写字母不同者表示差异显著（$P < 0.05$），全书同

（2）高压电场对高粱种子发芽率的影响

种子发芽率是指种子发芽终止时，在规定时间内的全部正常发芽种子数占供测种子数的百分率。发芽率可衡量种子质量好坏，显示种子胚活性的大小，也是判断田间出苗率的指标，发芽率高的种子出苗率虽然高，但苗不一定整齐和粗壮[7]。从表 2.3 可看出，13 个处理中，T_4、T_5、T_6 发芽率分别为86.7%、88.2%、86.2%。均低于对照；T_1、T_7、T_9 发芽率分别为89.7%、89.7%、89.8%，与对照较接近；其余处理均高于对照，且 T_3 发芽率最大，

为 92.9%。处理组比对照提高的幅度为 1.01%～4.62%。从图 2.4 可看出，除 T₃ 与对照之间差异达到显著水平外，其余处理与对照间的差异均不显著。T₃ 与 T₆ 差异显著，其余各处理间差异均不显著。

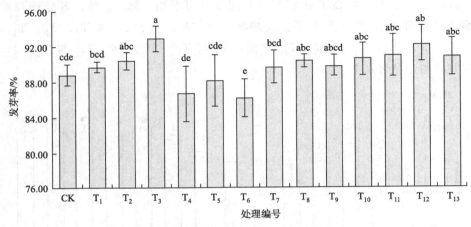

图 2.4　萌发期不同处理对发芽率的影响

（3）高压电场对高粱种子萌发后幼苗芽长的影响

从表 2.3 可看出，与对照相比，各处理芽长均高于对照。其中，T_{12} 芽长的平均值最大，为 6.97cm，比对照提高了 14.83%；T_5 芽长平均值最小，为 6.13cm，仅比对照提高了 0.99%。从图 2.5 可看出除 T_4、T_5 外，其余各处理与对照之间差异均达到显著水平。处理 T_1、T_3、T_4、T_5、T_6、T_7 与 T_2、T_8、T_9、T_{10}、T_{11}、T_{12}、T_{13} 之间差异均达显著水平。

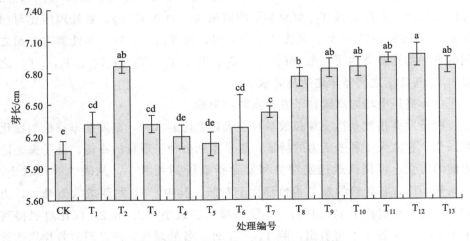

图 2.5　萌发期不同处理对芽长的影响

（4）高压电场对高粱种子萌发后幼苗根长的影响

从表2.3可看出，与对照相比，各处理根长都大于对照。其中，T_{12} 根长的平均值最大，为 9.18cm，比对照提高了 29.3％；T_5 根长平均值最小，为 7.12cm，仅比对照提高了 0.28％。从图 2.6 可看出，除 T_5 外，各处理与对照之间差异均达到显著水平。处理间 T_1、T_3、T_6、T_7 与 T_2、T_8、T_{10}、T_{11}、T_{13}、T_{10}、T_{11}、T_{12}、T_{13} 之间，T_9 与 $T_1 \sim T_8$ 之间，T_{12} 与 T_1、T_{10} 间差异均达显著水平。

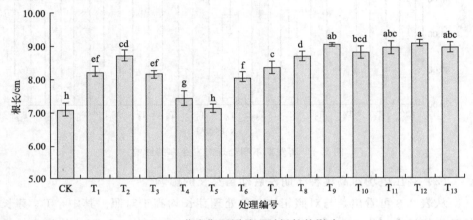

图 2.6　萌发期不同处理对根长的影响

（5）高压电场对高粱种子萌发后幼苗鲜重的影响

种子发芽后幼苗的鲜重是指幼苗采集后的立即测出的重量，可表明种子在萌发过程中的生长量的大小。从表2.3可看出，与对照相比，除 T_5 外，各处理鲜重都大于对照，且 T_{12} 鲜重的平均值最大，为 0.1825g。各处理组比对照提高了 0.16％～11.41％。从图 2.7 可看出，除 T_4、T_6 外，各处理与对照之间的差异均达显著水平。处理间 T_1、T_2、T_3、T_7、T_8 与 T_{10}、T_{11}、T_{13} 之间，T_9 与 T_{12} 之间差异均达显著水平。

（6）高压电场对高粱种子发芽指数的影响

种子发芽指数是指发芽粒数与对应天数之比的求和，是发芽率指标的细化和深化，它放大了种子活力的特征，更易鉴别出种子质量的高低。种子失去活力前的劣变，可提前通过发芽势和发芽指数得到判断[7]。从表2.3可看出，与对照相比，各处理的发芽指数都大于对照。其中，T_8 发芽指数值最大，为 88.3，比对照提高了 17.11％；T_4 发芽指数值最小，为 76.2，仅比对照提高了 1.06％。从图 2.8 可看出，除 T_4、T_5 外，各处理与对照之间的差异均达显

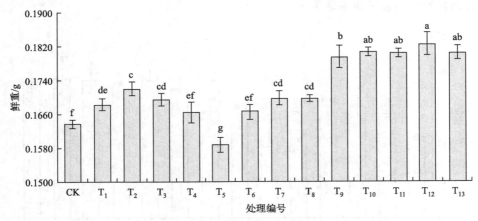

图 2.7　萌发期不同处理对鲜重的影响

著水平。处理间 T_1、T_2、T_3、T_6、T_7 与 T_8~T_{13} 之间，T_8、T_9 与 T_{10} 之间差异均达显著水平，其余各处理间差异均不显著。

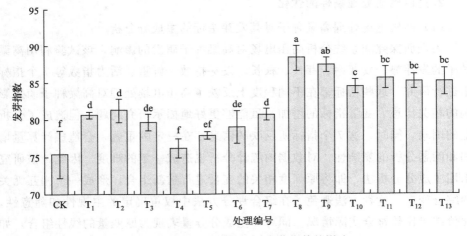

图 2.8　萌发期不同处理对发芽指数的影响

（7）高压电场对高粱种子的活力指数的影响

种子活力指数是指种苗生长量与发芽指数的乘积，是种子发芽速率和生长量的综合反应，是种子活力的综合指标[7]。从表 2.3 可看出，与对照相比，各处理的高粱种子活力指数都高于对照。其中，T_9 活力指数值最大，为 15.70，比对照提高了 27.13%；T_5 活力指数最小，为 12.36，仅比对照提高了 0.08%。从图 2.9 可看出，除 T_4、T_5、T_6 外，各处理与对照之间的差异均达显著水平。处理间 T_1、T_2、T_3、T_7 与 T_8~T_{13} 之间，差异达显著水平，其余各处理间差异均不显著。

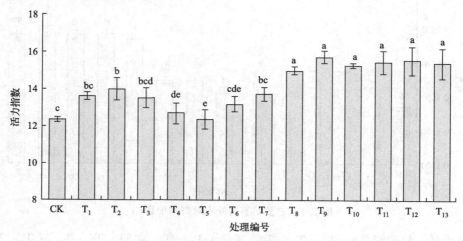

图 2.9　萌发期不同处理对活力指数的影响

2. 高压电场处理条件的优化

（1）高压电场处理高粱种子对其发芽指标的主成分分析

为全面探究和系统分析高压电场对高粱种子萌发的影响，该试验利用高粱种子的发芽势、发芽率、芽长、根长、发芽指数、鲜重、活力指数等 7 个指标来进行研究，这些指标都在不同程度上反映了高压电场处理对高粱种子萌发影响的相关信息。变量指标的增加，虽能够更好地揭示研究问题，但造成了分析上的困难，同时，这 7 个指标所反映的信息存在一定的重叠，会造成计算量增加和问题分析的复杂性，对数据的统计分析也造成一定的难度。因此，该研究采用主成分分析法，即将原高度相关的变量进行重新组合，形成一个相互无关的综合变量。这种方法避免了在综合评分方法中权重确定的主观性和随意性，评价结果比较符合实际情况；同时，主成分分量表现为原变量的线性组合，如果最后综合指标包括所有分量，则可以得到精确的结果，百分之百地保留原变量提供的变差信息，即使舍弃若干分量，也可以保证将较高变差信息体现在综合评分中，使评价结果真实可靠。该研究的主成分分析使用 SPSS 软件作统计分析。

a. 主成分方程的确定

从表 2.4 相关矩阵结果来看，芽长、根长、发芽指数、活力指数各指标之间存在着极其显著的关系，与发芽率、发芽势、鲜重之间存在着显著的关系，表明指标变量间直接相关性比较强，即它们存在着信息上的重叠。

表 2.4　高压电场处理高粱种子的发芽指标相关系数矩阵表

指标变量	发芽势	发芽率	芽长	根长	发芽指数	鲜重	活力指数
发芽势	1.000	0.737	0.811	0.843	0.863	0.649	0.804
发芽率	0.737	1.000	0.603	0.622	0.559	0.605	0.613
芽长	0.811	0.603	1.000	0.939	0.885	0.902	0.947
根长	0.843	0.622	0.939	1.000	0.894	0.902	0.949
发芽指数	0.863	0.559	0.885	0.894	1.000	0.774	0.948
鲜重	0.649	0.605	0.902	0.902	0.774	1.000	0.935
活力指数	0.804	0.613	0.947	0.949	0.948	0.935	1.000

　　特征值的意义是主成分影响力度大小的反映指标，如果该特征值小于 1，说明主成分的解释力度还不如一个基本的变量。因此，在进行主成分分析时，只提取特征值大于 1 的主成分，主成分的提取个数要由主成分对应的特征值大于 1 来确定。通过表 2.5 可知，第一个主成分特征值为 5.836，其它主成分对应特征值都小于 1，因此，该研究可提取 1 个主成分。从表中可看出提取的该主成分对信息解释的贡献率为 83.378%，能够较好地反映高压电场处理高粱种子对其萌发活力的影响情况，可以用其来代替原来的七个指标变量。

表 2.5　高压电场处理高粱种子的发芽指标方差分解主成分提取分析表

成分	初始特征值			提取平方和载入		
	合计	方差/%	累积/%	合计	方差/%	累积/%
1	5.836	83.378	83.378	5.836	83.378	83.378
2	0.609	8.702	92.081			
3	0.356	5.090	97.171			
4	0.106	1.515	98.686			
5	0.062	0.881	99.567			
6	0.030	0.432	100.000			
7	0.000	0.000	100.000			

　　成分矩阵各变量的载荷量值可以反映主成分与对应变量的相关系数，从表 2.6 成分矩阵可知，发芽势、发芽率、芽长、根长、发芽指数、鲜重、活力指数在第一主成分上有较高载荷量值，说明第一主成分基本反映了这些指标的信息。主成分载荷矩阵中的数据除以主成分相对应的特征值（此处指 5.836）开平方根可得到特征向量矩阵（即每个指标所对应的系数）。因此，从特征向量矩阵可以得到该研究中反映萌发活力主成分的计算公式(2-5)：

$$Z = 0.369X_1 + 0.300X_2 + 0.397X_3 + 0.401X_4 + 0.387X_5 + 0.376X_6 + 0.404X_7$$

$$(2-5)$$

表 2.6 高压电场处理高粱种子的发芽指标初始因子载荷矩阵和特征向量矩阵表

指标	成分矩阵	特征向量矩阵
发芽势	0.892	0.369
发芽率	0.726	0.300
芽长	0.960	0.397
根长	0.969	0.401
发芽指数	0.935	0.387
鲜重	0.909	0.376
活力指数	0.977	0.404

b. 主成分分析结果

表 2.3 参与因子分析的原始变量进行标准化后，可得到表 2.7 标准化后的变量，即主成分计算公式的 X，代入主成分计算公式，就可以得到对照和不同处理相对应的主成分分析结果（见表 2.7）。从表 2.7 主成分分析结果萌发发芽综合指标 Z 可看出，各处理与对照相比，均有不同程度的提高，综合排序依次为 T_{12}、T_{11}、T_9、T_{13}、T_{10}、T_8、T_2、T_3、T_7、T_1、T_6、T_4、T_5、CK。其中处理组 T_9、T_{10}、T_{11}、T_{12}、T_{13} 所对应的 Z 值与 CK 相比，提高幅度最大，T_8 次之；T_5 与 CK 相比，仅有略微提高。

表 2.7 标准化后的变量和主成分分析结果

处理编号	$Z_{发芽势}$	$Z_{发芽率}$	$Z_{芽长}$	$Z_{根长}$	$Z_{发芽指数}$	$Z_{鲜重}$	$Z_{活力指数}$	Z
CK	−1.775	−0.547	−1.459	−1.783	−1.586	−1.109	−1.427	−3.73
T_1	0.361	−0.068	−0.715	−0.125	−0.3	−0.492	−0.428	−0.70
T_2	0.699	0.304	0.893	0.553	−0.154	0.004	−0.106	0.83
T_3	0.065	1.633	−0.715	−0.254	−0.543	−0.345	−0.493	−0.41
T_4	−1.331	−1.663	−1.072	−1.307	−1.392	−0.747	−1.153	−3.23
T_5	−1.014	−0.866	−1.28	−1.755	−0.979	−1.793	−1.419	−3.48
T_6	−1.585	−1.929	−0.834	−0.399	−0.712	−0.734	−0.775	−2.52
T_7	0.298	−0.068	−0.387	0.02	−0.3	−0.291	−0.332	−0.42
T_8	1.503	0.304	0.596	0.496	1.544	−0.331	0.692	1.84
T_9	0.509	−0.015	0.834	1.015	1.326	1.01	1.272	2.33
T_{10}	0.446	0.41	0.864	0.683	0.622	1.157	0.925	1.96
T_{11}	0.594	0.623	1.132	0.885	0.913	1.13	1.087	2.43
T_{12}	0.657	1.314	1.221	1.073	0.792	1.399	1.151	2.86
T_{13}	0.572	0.57	0.923	0.899	0.768	1.144	1.006	2.25

（2）回归模型的建立及优化条件的筛选

在（1）中，为了全面、综合、系统地分析高压电场处理高粱种子后对其萌发活力的影响，对与萌发活力相关的七项发芽指标进行主成分分析，从而排除了信息重叠和多指标难以统计的困难和干扰，把七项发芽指标简化为一个综合指标 Z，并对处理和对照后的综合指标 Z 进行了排序，得到了不同处理对萌发活力影响的高低情况。

为进一步筛选出高压电场处理高粱种子的优化条件，确定出高压电场处理的最佳区间，促进高压电场技术在农业中的推广应用，在（1）主成分分析基础上，利用二次通用旋转组合设计，对综合指标 Z 进行回归分析，在剔除 $\alpha = 0.01$ 的不显著项后，建立起发芽综合指标对电场强度（X_1）和处理时间（X_2）的数学模型 Y，并在此基础上，分析电场强度、处理时间对高粱种子萌发的影响，最后得出最佳高压电场处理优化参数组合。

a. 数学模型建立与统计分析

按试验方案和综合指标结果（见表 2.8），进行二因素二次回归通用旋转组合设计试验回归分析，剔除 $\alpha = 0.01$ 的不显著项，建立的发芽综合指标 Z 对电场强度（X_1）和处理时间（X_2）的回归方程 Y：

$$Y = 2.36600 + 0.64096X_1 + 0.56077X_2 - 2.61613X_1^2 -$$
$$0.76112X_2^2 - 1.08750X_1X_2 \tag{2-6}$$

表 2.8 二因素二次回归通用旋转组合设计试验方案

处理编号	X_1	X_2	综合指标 Z
T_1	1(700)	1(51)	−3.73
T_2	1	−1(13)	−0.70
T_3	−1(200)	1	0.83
T_4	−1	−1	−0.41
T_5	−1.414(100)	0(32)	−3.23
T_6	1.414(800)	0	−3.48
T_7	0(450)	−1.414(5)	−2.52
T_8	0	1.414(60)	−0.42
T_9	0	0	1.84
T_{10}	0	0	2.33
T_{11}	0	0	1.96
T_{12}	0	0	2.43
T_{13}	0	0	2.86

高粱种子发芽综合指标目标函数方差分析见表 2.9。由表 2.9 可知，式(2-6)回归方程失拟检验为 $F_1 = 4.12 < F_{0.05}(3, 4) = 6.59$，失拟不显著，说明未控制因素对试验结果影响很小，可进一步对回归模型进行拟合检验。式(2-6)的 $F_2 = 47.44 > F_{0.01}(5, 7) = 7.46$，回归达到极显著水平，说明回归方程与实际情况拟合性较好，能够很好地反映高粱种子发芽综合指标与电场强度和处理时间的关系。

表 2.9 回归模型方差分析表

变异来源	平方和	自由度	均方	偏相关	比值 F	p 值
X_1	3.2866	1	3.2866	0.8076	13.1282	0.0085
X_2	2.5157	1	2.5157	0.7677	10.0487	0.0157
X_1^2	47.6112	1	47.6112	−0.9821	190.181	0.0001
X_2^2	4.03	1	4.03	−0.8348	16.0976	0.0051
$X_1 X_2$	4.7306	1	4.7306	−0.8542	18.8963	0.0034
回归 Regression	59.3918	5	11.8784		$F_2 = 47.44762$	0.0003
剩余 Residual	1.7524	7	0.2503			
失拟 Lack of fit	1.3247	3	0.4416		$F_1 = 4.12952$	0.0558
误差 Error	0.4277	4	0.1069			
总和 Total	61.1442	12				

b. 回归模型解析

主因素效应 主因素效应分析可表明二因素对高粱种子发芽综合指标影响的大小。试验中二因素水平已通过系数编码代换，偏回归系数已经标准化，可通过直接比较其系数绝对值的大小来判断各因素对高粱种子发芽综合指标影响效应，正负号表示各因素对目标函数影响方向[8]。由式(2-6)可知，电场强度（X_1）和处理时间（X_2）的一次项回归系数分别为 0.64096、0.56077，表明在试验设计范围内，二因素对高粱种子发芽综合指标的影响都具有明显的正效应，其影响次序都为电场强度＞处理时间。由表 2.9 可知，两因素交互作用的回归系数的 p 值为 0.0034，小于 0.05，交互作用显著。

单因素效应 目标函数是各因子共同作用的结果，为直观找出电场强度和处理时间对高粱种子发芽综合指标的影响效应，对式(2-6)采用降维法分析二因素与高粱种子发芽综合指标之间的影响关系。

电场强度对高粱种子发芽综合指标的影响 令 $X_2 = -1.414$，-1，0，1，1.414 代入式(2-6)，得出高粱种子发芽综合指标一元函数子模型（见表

2.10)，式（2-7）～（2-11）分别表示控制因子处理时间为 5min、13min、32min、51min、60min 时，高粱种子发芽综合指标与变量因子电场强度之间的定量关系。

表 2.10　单因子对高粱种子发芽综合指标影响的一元函数子模型

变量因子	目标函数	一元函数的子模型	极值	
			因子编码值	目标函数值
电场强度	综合指标	$Y_{E1}=0.0513+2.1787X_1-2.6161X_1^2(2-7)$	0.4164	0.5049
		$Y_{E2}=1.0441+1.7285X_1-2.6161X_1^2(2-8)$	0.3304	1.3296
		$Y_{E3}=2.3660+0.6410X_1-2.6161X_1^2(2-9)$	0.1225	2.4053
		$Y_{E4}=2.1657-0.4465X_1-2.6161X_1^2(2-10)$	−0.0853	2.1847
		$Y_{E5}=1.6371-0.8968X_1-2.6161X_1^2(2-11)$	−0.1714	1.7140
处理时间	综合指标	$Y_{t1}=-3.7710+2.0985X_2-0.7611X_2^2(2-12)$	1.3786	−2.3245
		$Y_{t2}=-0.8911+1.6483X_2-0.7611X_2^2(2-13)$	1.0828	0.0013
		$Y_{t1}=2.3660+0.5608X_2-0.7611X_2^2(2-14)$	0.3684	2.4693
		$Y_{t4}=0.3908-0.5267X_2-0.7611X_2^2(2-15)$	−0.3460	0.4820
		$Y_{t5}=-1.9584-0.9770X_2-0.7611X_2^2(2-16)$	−0.6418	−1.6449

将式（2-7）～（2-11）关系曲线绘成图 2.10（a）。从图 2.10（a）可看出，电场强度不论固定在高值还是低值，对高粱种子综合指标的影响均呈抛物线状。图中各抛物线的顶点是不同电场强度对应的最大综合指标值，表明处理电场强度过大或过小都会影响高粱种子综合指标值的大小，电场强度只有达到一定水平时，高粱种子综合指标值达到最大值。式（2-7）～（2-11）的电场强度编码值为 0 左右时，即电场强度为 450kV/m 时，综合指标值达最大值。当编码水平在（−1.414，0）范围时，即电场强度为 100～450kV/m 时，式（2-7）～（2-11）发芽综合指标值随着电场强度的增大而增加，但式（2-7）、（2-8）抛物线的陡峭度较大，表明其对高粱种子发芽综合指标值影响显著，式（2-9）、（2-10）、（2-11）抛物线的坡度相对平缓，表明其对高粱种子发芽综合指标值的影响较小。当编码水平在（0，1.414）范围时，即电场强度为 450～800kV/m 时，式（2-7）～（2-11）的发芽综合指标值都随着电场强度的增加而降低，但式（2-7）、（2-8）抛物线下降的坡度较式（2-9）、（2-10）、（2-11）平缓，表明随着电场强度的增大对式（2-7）、（2-8）发芽综合指标值影响较小，对式（2-9）、（2-10）、（2-11）影响较大。说明电场强度对高粱种子发芽综合指标影响有阈值效应，处理时间不论固定在高值还是低值，在一定范围内，电场

强度对其值都有正效应，当电场强度达到一定值后，对其值会产生负效应。相同电场强度条件下，当处理时间固定在－1.414 水平时，高粱种子发芽综合指标值较低；处理时间固定在 0 水平时，高粱种子发芽综合指标值高于其他水平。在电场强度编码范围内，当处理时间固定在 0 水平，电场强度编码值为 0.1225，即 480.3kV/m 时，高粱种子发芽综合指标有最大值 2.4053。

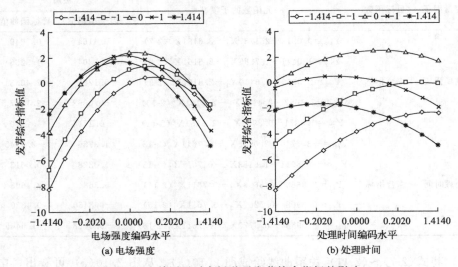

图 2.10 单因子对高粱种子发芽综合指标的影响

处理时间对高粱种子发芽综合指标影响 令 $X_1 = -1.414$，－1，0，1，1.414 代入式(2-6)，可得出处理时间对高粱种子发芽综合指标影响的一元函数子模型（见表 2.17）。式（2-12）～（2-16）分别表示控制因子电场强度为 100kV/m、200kV/m、450kV/m、700kV/m、800kV/m 时，高粱种子发芽综合指标与变量因子处理时间之间的定量关系。

将式（2-12）～（2-16）关系曲线绘成图 2.10(b)。从图 2.10(b) 可看出，处理时间编码值在 (－1.414，1.414) 范围内，对高粱种子发芽综合指标的影响均呈抛物线状。图中各抛物线的顶点是各处理时间对应的最大发芽综合指标，表明处理时间过大或过小都会影响高粱种子发芽综合指标的大小，只有处理时间达到一定水平，高粱种子发芽综合指标达到最大值。当编码水平在（－1.414，0）范围时，即处理时间为 5～32min，式（2-12）、（2-13）、（2-14）的抛物线坡度较大，发芽综合指标都随着电场强度的增大而增加，可看出随着处理时间的延长，高粱种子发芽综合指标提高的幅度较大，表明其变化对高粱种子的发芽综合指标影响较大。式（2-15）、（2-16）的抛物线的坡度较平缓，可看出随着处理时间的延长，高粱种子的发芽综合指标提高的幅度较小。当编码水平在（0，1.414）范围时，即处理时间为 32～60min 时，式（2-12）、（2-13）、（2-14）的抛物线呈缓慢上升，而式（2-15）、（2-16）表现出明显的下降，表明在电场强度取较高水平编码时，当时间高于一定值时，发芽综合会表现出明显的下降趋势，而对于低水平编码的电场强度来说，随处理时间的延长，其对高粱种子的发芽综合指标的影响仍呈上升趋势，但作用趋缓。说明在电场强度一定的条件下，并不是处理时间越长，种子发芽综合指标越高，高粱种子萌发活力对电场强度的处理时间同样有阈值效应。当电场强度固定在 0 水平时，相同处理时间条件下，高粱种子发芽综合指标值高于其他水平。当处理时间编码值为 0.3684，即 39.7min 时，高粱种子发芽综合指标值为 2.4693。

电场强度和处理时间双因素耦合效应 从式（2-6）可看出，$X_1 X_2$（电场强度与处理时间）交互项系数为 -1.0875，交互项系数 p 值为 0.0034，小于 0.05，表明 $X_1 X_2$ 交互项达到显著水平，说明二者对高粱种子发芽综合指标的影响存在一定的负交互作用，具有互相替代和互相消减的作用。根据式（2-6），绘制出电场强度和处理时间交互作用对高粱种子发芽综合指标影响的耦合效应（图 2.11）。从图 2.11 可看出，整个曲面都呈正凸面状，电场强度对高粱种子发芽综合指标的影响的抛物线陡峭度都大于处理时间，说明二因素对发芽综合指标影响有阈值效应，且电场强度对其影响大于处理时间。这一观点与前人研究的结论中高压电场对生物体的影响会呈现出临界效应[9] 相一致。

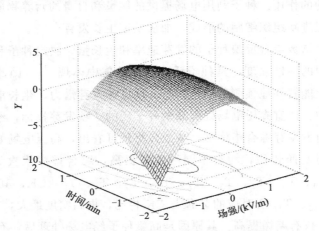

图 2.11　二因素对高粱种子发芽综合指标的耦合效应

优化方案 依据试验结果建立数学模型，利用二次通用旋转组合设计分析和筛选优化组合方案，以高粱种子发芽综合指标≥-0.1723，建立电场强度和处理时间对高粱种子发芽综合指标影响的优化技术方案，优化方案见表2.11。对高粱种子发芽综合指标影响的优化方案进行比较，得出在不同目标下电场强度和处理时间优化方案中，满足高粱种子发芽综合指标≥−0.1723所需的电场强度为400～600kV/m，处理时间为20～55min。

表 2.11 高粱种子发芽综合指标的处理条件优化方案

项目	因素	平均值	标准误	95%置信区间	对应处理条件
发芽综合指标	X_1	0.2000	0.1790	−0.151～0.551	400～600
	X_2	0.2830	0.3790	−0.461～1.027	20～55

（四）讨论

1. 高压电场对高粱种子萌发活力的影响

大量研究表明，用高压电场处理植物种子，可提高种子的萌发活力，是促进种子发芽后生长的有效方法之一[10]。高压电场作为一种人工综合效应场，既具有粒子束、提供电荷及较多的自由电子的作用，又存在恒定电场和电磁辐射的效果。电场中的电介质在高压电场作用下会产生极化现象，形成极化力，在均匀电场中表现为取向力。高压静电场处理植物种子后，在电场力的作用下通过改变植物种子周围的电场强度，影响植物种子体内的电荷运转，从而起到改变生命活动的作用。种子利用电场提供的能量和自身的营养物质，供给萌发中的幼胚，促进新组织细胞的形成，加快幼苗生长发育[6,10]。

种子活力指数综合反映种子的发芽速率和生长量，决定种子和种子胚在发芽和出苗期间的活性强度，是种子活力高低的集中体现[11]。因此，衡量种子活力指数变化能较好地预测种子迅速整齐萌发的发芽潜力、生长潜力和生产潜力。该试验中，适宜高压电场处理高粱种子后的7项发芽指标，经主成分分析简化成单个萌发发芽综合指标Z，从综合指标可看出，高压电场处理高粱种子后，各处理与对照相比，均有不同程度的提高，综合排序依次为T_{12}、T_{11}、T_9、T_{13}、T_{10}、T_8、T_2、T_3、T_7、T_1、T_6、T_4、T_5、CK，其中处理T_9、T_{10}、T_{11}、T_{12}、T_{13}所对应的Z值与CK相比，提高幅度最大，T_8次之；T_5与CK相比，仅有略微提高。其原因是高粱种子经电场处理后，有利于启动与萌发有关的生理生化过程和刺激产生某些生理活性物质，增加细胞能量，使其产生较强的动力学过程，从而提高了种子活力；高压电场通过电荷及能量作用，促进膜的结构和功能的恢复，减少了有机物的流失；高压电场电网产生电晕放电，击穿空气产生 NO、NO_2 和 O_3，与水反应生成亚硝酸和硝酸，腐蚀种子外壳，促进种子萌发。从电场强度和处理时间对高粱种子萌发发芽综合指标的耦合效应图 2.11 看出，电场强度和处理时间对高粱种子的综合指标影响存在阈值效应，说明高压电场效应与电场强度大小和处理时间的长短有关，且电场强度作用效应要高于处理时间。有研究表明，高压电场生物效应与剂量（剂量＝电场强度×作用时间）有关，剂量不同，生物效应不同。在不同的高压电场剂量下，生物体会表现出促进、抑制或无应答的响应机制[1]。高压电场处理技术的这种特点使得高粱种子萌发发芽综合指标呈现出随电场强度和处理时间的变化先增加后减少的趋势。

2. 高压电场处理高粱种子优化条件筛选

相关研究表明，高压电场的生物效应具有剂量不定性、参数多元性及阈值效应等特点。其中，剂量不定性主要表现在电场强度的大小和处理时间的长短；参数多元性主要表现在高压电场的类型、作物种类及品种、作物种子含水量等；阈值效应主要表现在不同的作物种类和品种对电场处理条件（剂量）的要求有适当的范围，剂量过大对作物会造成抑制或致死效应，剂量过小对作物无作用或作用不明显[6,10]。关于高压电场处理作物种子的研究中，涉及的作物种类有经济作物、粮食作物、药用作物、蔬菜作物、林果类树木等，作物品种如粮食作物有小麦、水稻、玉米、谷子等，研究的内容大多都是高压电场处理种子、植株或处理果实等阶段性的研究[12]，对于高压电场处理作物种子后一系列的后续效应研究鲜有报道，同时，有关高压电场处理高粱种子的相关研究甚少。因此，该试验研究高压电场处理对高粱种子萌发及苗期生长生理效应的影响，需通过大量的预试验筛选出电场处理条件的范围，从而为该试验的进行提供一定的理论和实践基础。

该试验依据预试验结果选取高压电场处理高粱种子的电场处理条件范围：电场强度为 $100\sim800kV/m$，处理时间为 $5\sim60min$。在此条件下，测定种子萌发过程中 7 项活力指标并进行主成分分析，把 7 个萌发指标简化成单个综合萌发指标，确定高压电场处理高粱种子的优化条件，以供后续的试验有目的地进行。

（五）小结

1. 高压电场对高粱种子萌发活力的影响

该研究结果表明：在高压电场处理条件（电场强度 $100\sim800kV/m$，处理时间为 5～60min）下，各处理组的 7 项发芽指标与对照之间的差异均达到显著水平。高压电场处理高粱种子后，除 T_4、T_6 的发芽率和 T_5 鲜重略低于对照外，其余各处理的发芽势、发芽率、芽长、根长、发芽指数、鲜重和活力指数均高于对照，尤其是发芽势和活力指数提高的幅度最为明显，分别为27.12％、27.90％。对以上 7 项发芽指标进行主成分分析，将其简化成发芽综合指标 Z，从综合指标 Z 可看出，T_{12}（电场强度为 450kV/m，处理时间为32min）的处理效果最好，发芽势是 67.1％（比对照提高 20.68％），发芽率为 92.30％（比对照提高 3.94％），芽长为 6.97cm（比对照提高 14.83％），根长为 9.18cm（比对照提高 29.3％），发芽指数是 85.20（比对照提高13.00％），活力指数是 15.55（比对照提高 25.91％）。

2. 高压电场处理高粱种子条件的筛选与优化

为筛选出高压电场处理高粱种子的优化条件，确定高压电场处理的最佳区间，促进高压电场技术在农业中的推广应用，在对 7 项发芽指标进行主成分分析基础上，利用二次通用旋转组合设计，对综合指标 Z 进行回归分析，构建数学模型。试验结果表明：不同高压电场处理对高粱种子发芽综合指标的影响均达到显著水平，回归方程与实际情况拟合性较好，能够很好反映高粱种子发芽综合指标与电场强度和处理时间关系；对模型的主因素效应解析表明，试验中的二因素对高粱种子发芽综合指标的影响效应顺序为电场强度＞处理时间，论证了高压电场对生物体的影响有临界效应；对模型的二因素耦合效应解析表明，电场强度和处理时间对高粱种子发芽综合指标的影响有阈值效应，造成阈值效应的原因是在不同高压电场剂量下，生物体会表现出促进、抑制或无应答的响应机制，这与已有研究相一致，同时，二因素耦合效应还表明，二因素对高粱种子发芽综合指标影响呈现显著的负交互效应，二者具有互相替代和互相消减的作用。经模型解析，能够满足高粱种子发芽综合指标≥－0.1723 的优化方案为：电场强度 400～600kV/m，处理时间 20～55min。

二、高压电场对高粱种子萌发的生物学效应

前面采用主成分分析和二次通用旋转组合设计，对高粱种子发芽综合指标进行回归分析，得出高压电场处理高粱种子的优化方案为：电场强度为 400～600V/m，处理时间为 20～55min，可显著提高高粱种子活力。采用完全随机设计，在优化方案内进一步从生理生化的角度探讨高压电场提高高粱种子活力

的内在机理。

（一）试验内容

1. 试验材料

种子材料和高压电场发生装置同本章第一节。

2. 试验设计

试验采用二因素（电场强度、处理时间）完全随机设计，根据第二章高压电场处理高粱种子条件的优化与筛选结果，电场强度取 400kV/m、500kV/m、600kV/m，处理时间取 30min、40min、50min，未处理为对照。具体设计方案见表 2.12。

表 2.12　高压电场处理高粱种子试验方案

处理编号	CK	T_1	T_2	T_3	T_4	T_5	T_6	T_7	T_8	T_9
电场强度/(kV/m)	0	400	400	400	500	500	500	600	600	600
处理时间/min	0	30	40	50	30	40	50	30	40	50

3. 试验方法

（1）高压电场处理高粱种子

每处理挑选饱满、整齐一致的 150 粒（约 4.5g）高粱种子，单层平铺在金属板中央（忽略高压电场的边缘效应），共 9 个处理，每处理 3 次重复，按表 2.12 试验方案进行处理。

（2）高粱种子的萌发试验

进行发芽试验时，待种子胚根突破种皮 1cm 时，每处理称取 0.2g，液氮速冻后置于 −80℃冰箱冷藏备用。

4. 高粱种子萌发期生理生化指标的测定

高粱种子单位质量电导率的测定参照尹燕枰等[13] 的方法；α-淀粉酶活性的测定采用硝基水杨酸法；过氧化氢酶（CAT）活性的测定参照尹燕枰等[13] 的方法，CAT 活性以 1min 内 A_{240} 减少 0.1 的酶量为 1 个酶活性单位[13]；过氧化物酶（POD）活性的测定采用愈创木酚法，以每分钟 OD_{470} 变化 0.01 为 1 个过氧化物酶活性单位[14]；超氧化物歧化酶（SOD）活性的测定采用氮蓝四唑（NBT）光化还原法，以抑制 NBT 光化还原的 50% 为一个酶活力单位；脯氨酸（Pro）含量测定采用茚三酮显色法[14]；可溶性蛋白（SP）测定采用考马斯亮蓝法[14]；内源赤霉素（GA）、脱落酸（ABA）含量的测定采用酶联免疫法[15]（enzyme-linkedimmuno sorbent assay，ELISA），试剂盒由中国农业大学提供。

（二）数据处理

利用 Excel、DPS、SPSS13.0、Matlab 等软件对观测数据进行方差分析、多重比较分析并绘图和制表。

（三）结果与分析

表 2.13　高压电场对高粱种子萌发期过程生理指标影响的试验结果

试验号	电导率 /[μs/(cm·g)]	α-淀粉酶活性 /[mg/(g·min)]	CAT 酶活性 /(U/g)	POD 酶活性 /(U/g)
CK	40.63±1.65	1.48±0.08	10.00±0.27	68.46±8.37
T₁	37.23±1.84	2.88±0.09	9.26±0.36	93.77±8.96
T₂	26.77±1.37	3.55±0.08	11.56±0.46	107.75±6.86
T₃	30.94±2.48	3.07±0.06	7.26±0.43	115.81±8.22
T₄	26.61±1.63	3.8±0.08	9.10±0.38	115.76±5.48
T₅	20.60±1.12	3.76±0.04	10.51±0.44	112.36±6.67
T₆	32.98±1.53	2.95±0.04	9.50±0.41	114.46±9.07
T₇	39.01±1.35	2.79±0.10	9.25±0.34	88.46±8.67
T₈	35.77±1.10	2.4±0.09	12.17±0.20	68.7±5.15
T₉	33.59±1.08	2.14±0.10	8.61±0.39	75.06±6.46

试验号	SOD 酶活性 /(U/g)	脯氨酸含量 /(μg/kg)	可溶性蛋白含量 /(mg/g)	赤霉素含量 /[ng/(g·FW)]	脱落酸含量 /[ng/(g·FW)]
CK	270.40±14.33	417.08±9.73	4.16±0.20	5.53±0.07	133.63±1.79
T₁	385.56±20.74	465.75±11.61	6.57±0.12	6.64±0.07	87.73±1.18
T₂	735.31±20.11	530.69±9.88	7.76±0.20	7.17±0.08	90.81±1.60
T₃	586.46±18.99	519.22±9.04	6.89±0.20	6.18±0.14	91.75±1.90
T₄	774.45±19.01	541.62±21.41	7.6±0.18	7.98±0.13	85.64±0.89
T₅	599.14±17.96	605.3±8.53	6.93±0.13	14.01±0.14	85.94±0.59
T₆	445.64±13.13	471.06±7.16	6.61±0.15	6.17±0.06	98.98±2.31
T₇	491.47±18.15	461.86±9.72	6.34±0.16	6.27±0.06	115.15±1.94
T₈	467.82±15.73	449.86±7.92	4.34±0.12	5.91±0.03	124.42±1.61
T₉	386.40±19.07	429.94±8.44	5.87±0.13	5.81±0.08	134.89±1.32

1. 高压电场对高粱种子电导率的影响

种子电导率高低可反映种子内电解质的外渗程度，电导率越低，种子内电解质外渗越少，膜系统就越完整[16]。由表 2.13 可看出，各处理的种子电导率均低于对照，其中 T_5、T_4 最低，分别为 $20.60\mu s/(cm \cdot g)$、$26.61\mu s/(cm \cdot g)$，比对照降低了 49.29%、34.51%；T_7 电导率最大，为 $39.01\mu s/(cm \cdot g)$，仅比对照降低了 3.99%。

从图 2.12 可看出，同一电场强度，不同处理时间下处理高粱种子时，其处理时间为 40min 的电导率均低于 30min、50min；同一处理时间，不同电场强度下，600kV/m 的电导率高于 400kV/m、500kV/m。

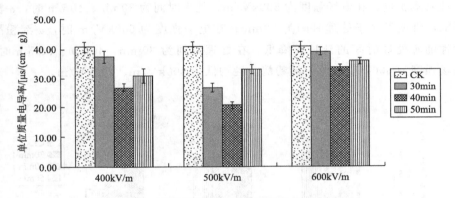

图 2.12　萌发期不同时间梯度对电导率的影响

从图 2.13 可看出，在处理时间为 30min、40min 时，电场强度为 500kV/m 的电导率明显低于 400kV/m、600kV/m；在处理时间为 50min 时，高粱种子的电导率随着电场强度增大而增大；处理时间为 40min 时，除电场强度为 600kV/m 的电导率较高外，其余电导率均低于其他处理。

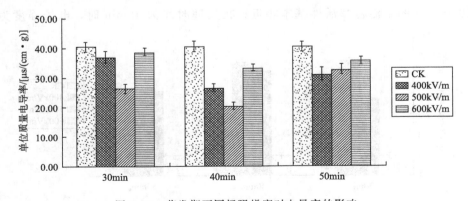

图 2.13　萌发期不同场强梯度对电导率的影响

2. 高压电场对高粱种子 α-淀粉酶活性的影响

从表 2.13 可看出，各处理的 α-淀粉酶活性均高于对照，其中 T_4、T_5 含量较高，为 3.8mg/(g·min)、3.76mg/(g·min)，分别比对照提高了 156.76%，154.05%；T_9 的 α-淀粉酶活性最低，为 2.14mg/(g·min)，仅比对照提高 44.59%。

从图 2.14 可看出，在电场强度为 400kV/m、处理时间为 40min 时，α-淀粉酶活性明显高于其它两个处理，且处理时间为 30min、50min 时，α-淀粉酶活性基本相近；在电场强度为 500kV/m、处理时间为 30min、40min 时，α-淀粉酶活性明显高于处理时间为 50min；在电场强度为 600kV/m 时，α-淀粉酶活性随着处理时间的延长而降低；在处理时间为 30min、40min、50min 时，电场强度为 600kV/m 的 α-淀粉酶活性均低于 400kV/m、500kV/m。

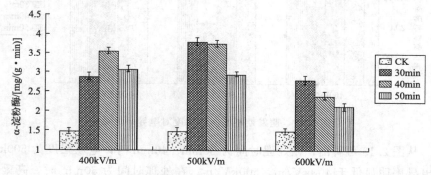

图 2.14　萌发期不同时间梯度对 α-淀粉酶活性的影响

从图 2.15 可看出，在处理时间为 30min、电场强度为 500kV/m，α-淀粉酶活性明显高于电场强度为 400kV/m、600kV/m，且电场强度为 400kV/m、600kV/m 的 α-淀粉酶活性基本相近；在处理时间为 40min 时，电场强度为

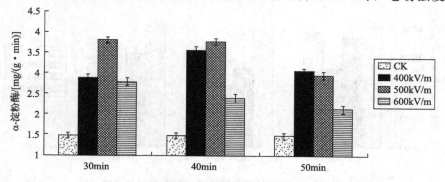

图 2.15　萌发期不同场强梯度对 α-淀粉酶活性的影响

400kV/m、500kV/m，α-淀粉酶活性明显高于电场强度为 600kV/m；在处理时间为 50min 时，α-淀粉酶活性随着电场强度的增加而降低；在除 400kV/m 外的电场强度下，处理时间为 50min 的 α-淀粉酶活性均低于 30min、40min。

3. 高压电场对高粱种子过氧化氢酶活性的影响

过氧化氢酶（CAT）是 H_2O_2 的清除剂，在植物代谢中起着重要的作用，它的活性与植物代谢强度及抗性有着密切的关系，是清除生物体内活性氧或其它过氧化物自由基的关键酶类[17]。过氧化氢酶（CAT）有增加种子抗逆性、保护生物膜和促进种子的代谢等作用。从表 2.13 可看出，各处理的过氧化氢酶（CAT）活性除 T_2、T_5、T_8 外，其余各处理均低于对照。其中 T_8 酶活性最高，为 12.17U/g，比对照提高了 21.7%；T_2 次之，为 11.56U/g，比对照提高了 15.6%。

从图 2.16 可看出，同一电场强度，不同处理时间下处理高粱种子，处理时间为 40min 时 CAT 活性均高于 0、30、50min；且在 30～50min 范围内，随着处理时间的延长，过氧化氢酶（CAT）的活性呈现出先升后降的趋势。

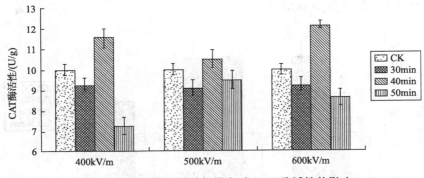

图 2.16　萌发期不同时间梯度对 CAT 酶活性的影响

从图 2.17 可看出，同一处理时间，不同电场强度下，只有处理时间为 40min 的过氧化氢酶（CAT）活性高于对照，其它各处理均低于对照。

4. 高压电场对高粱种子过氧化物酶活性的影响

从表 2.13 可看出，各处理的过氧化物酶（POD）活性均高于对照，其中 T_3、T_4、T_6 含量较高，分别为 115.81U/g、115.76U/g、114.46U/g，分别比对照提高了 69.16%、69.09%、67.19%；T_8 过氧化物酶（POD）活性最低，为 68.7U/g，仅比对照提高 0.35%。

从图 2.18 可看出，在电场强度为 400kV/m 时，过氧化物酶（POD）活

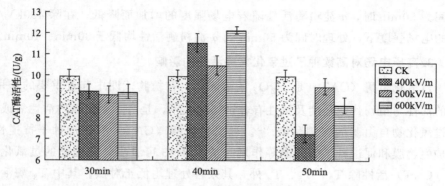

图 2.17　萌发期不同场强梯度对 CAT 酶活性的影响

性随着处理时间的延长而增大；在电场强度为 500kV/m 时，三个处理时间（30min、40min、50min）的过氧化物酶（POD）活性大小较接近；在电场强度为 600kV/m 时，过氧化物酶（POD）活性随着处理时间的延长而降低；不论处理时间是多少，电场强度为 400kV/m、500kV/m 时过氧化物酶（POD）活性均高于电场强度为 600kV/m。

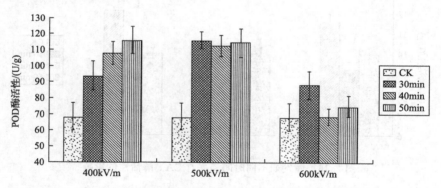

图 2.18　萌发期不同时间梯度对 POD 酶活性的影响

从图 2.19 可看出，在处理时间为 30min、电场强度为 500kV/m，过氧化物酶（POD）活性明显高于电场强度为 400kV/m、600kV/m；在处理时间为 40min、50min 时，电场强度为 400kV/m、500kV/m 的过氧化物酶（POD）活性均高于电场强度为 600kV/m；且在同一处理时间下，随着电场强度的增大过氧化物酶（POD）活性呈现出先增后减的趋势。

5. 高压电场对高粱种子超氧化物歧化酶活性的影响

超氧化物歧化酶（SOD）是生物体内最重要的保护酶之一，它能清除超

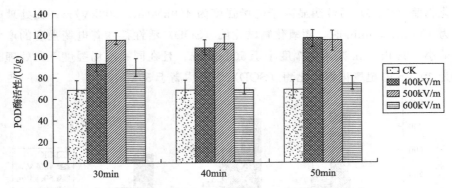

图 2.19　萌发期不同场强梯度对 POD 酶活性的影响

过生物体内的自由基，保护膜系统的完整性[18]。从表 2.13 可看出，各处理的超氧化物歧化酶（SOD）活性均高于对照，其中 T_4、T_2、T_5、T_3 含量较高，分别为 774.45、735.31、599.14、586.46U/g，分别比对照提高了 186.41%、171.93%、121.58%、116.89%；T_1 超氧化物歧化酶（SOD）活性最低，为 385.56U/g，仅比对照提高 42.59%。

从图 2.20 可看出，在电场强度为 400kV/m 时，超氧化物歧化酶（SOD）活性大小的次序为处理时间 40min＞50min＞30min；在电场强度为 500kV/m、600kV/m 时，超氧化物歧化酶（SOD）活性随着处理时间的延长而降低，后一处理酶活性降低幅度小于前一处理；且在一定的处理时间（30min、40min、50min）条件下，除电场强度为 400kV/m、处理时间为 30min 和电场强度 500kV/m、处理时间为 50min 外，其它处理的超氧化物歧化酶（SOD）活性均高于电场强度为 600kV/m 酶活性。

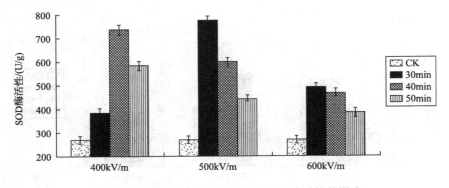

图 2.20　萌发期不同时间梯度对 SOD 酶活性的影响

从图 2.21 可看出，在处理时间为 30min 时，电场强度为 500kV/m 的过氧化物酶（POD）活性明显高于电场强度为 400kV/m、600kV/m；在处理时间为 40min、50min 时，超氧化物歧化酶（SOD）活性都随着电场强度的增大而减小，600kV/m 减小的幅度小于 500kV/m；且在同一电场强度下，处理时间为 40min 的超氧化物歧化酶（SOD）活性均高于 50min。

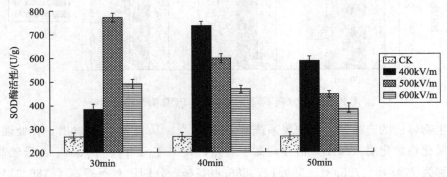

图 2.21　萌发期不同场强梯度对 SOD 酶活性的影响

6. 高压电场对高粱种子脯氨酸含量的影响

从表 2.13 可看出，各处理的脯氨酸（Pro）含量均高于对照，其中 T_5 含量较高，为 605.3μg/kg，比对照提高了 45.13%；其次是 T_4、T_2、T_3，含量分别为 541.62μg/kg、530.69μg/kg、519.2μg/kg，分别比对照提高了 29.86%、27.24%、24.49%；T_9 脯氨酸（Pro）含量最低，为 429.94μg/kg，仅比对照提高了 3.08%。

从图 2.22 可看出，在电场强度为 400kV/m、500kV/m 时，处理时间为 30～50min 范围内，脯氨酸（Pro）含量随着处理时间的延长呈现出先升后降

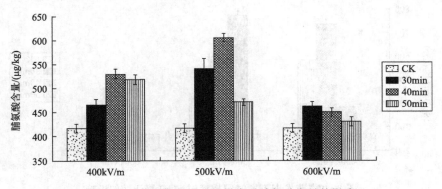

图 2.22　萌发期不同时间梯度对脯氨酸含量的影响

的趋势；在电场强度为 600kV/m 时，脯氨酸（Pro）含量随着处理时间的延长而降低。

从图 2.23 可看出，在处理时间为 30min、40min 时，电场强度在 400～600kV/m 范围内，脯氨酸（Pro）含量随着电场强度的增强呈现出先升后降的趋势；在处理时间为 50min 时，脯氨酸（Pro）含量都随着电场强度的增大而减小；在处理时间为 30min、40min 时，电场强度为 500kV/m 时各处理的脯氨酸（Pro）含量均高于其它处理。

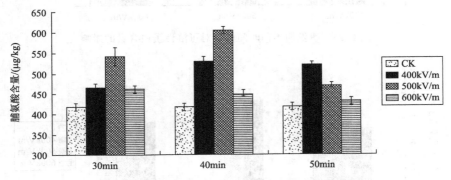

图 2.23　萌发期不同场强梯度对脯氨酸含量的影响

7. 高压电场对高粱种子可溶性蛋白含量的影响

从表 2.13 可看出，各处理的可溶性蛋白含量均高于对照，其中 T_2 含量最高，为 7.76mg/g，比对照提高了 86.54%；其次是 T_4，含量为 7.6mg/g，比对照提高 82.69%；T_8 可溶性蛋白含量最低，为 4.34mg/g，仅比对照提高了 4.33%。

从图 2.24 可看出，在电场强度为 400kV/m，处理时间为 30～50min 范围内，可溶性蛋白的含量随着处理时间的延长呈现出先升后降的趋势；在电场强度为 500kV/m 时，可溶性蛋白含量随着处理时间的延长而降低；在电场强度为 600kV/m 时，不论处理时间是多少，其可溶性蛋白含量均低于其它处理。

从图 2.25 可看出，在处理时间为 30min 时，电场强度在 400～600kV/m 范围内，可溶性蛋白含量随着电场强度的增强呈现出先升后降的趋势；在处理时间为 40min、50min 时，可溶性蛋白含量都随着电场强度的增大而减小，且处理时间为 40min 的可溶蛋白含量下降的幅度要大于 50min。

8. 高压电场对高粱种子内源激素含量的影响

根据 Karssen 和 Lacka 修正的种子休眠的激素平衡假说，脱落酸（ABA）

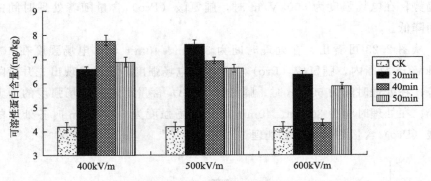

图 2.24　萌发期不同时间梯度对可溶性蛋白含量的影响

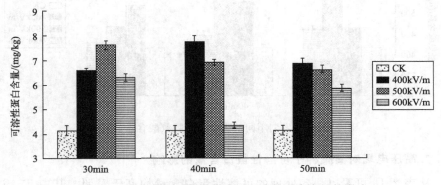

图 2.25　萌发期不同场强梯度对可溶性蛋白含量的影响

和赤霉素（GA）在种子生命周期的不同时间和位点发生作用。GA 的功能之一是解除种子休眠和促进种子萌发，而 ABA 可诱导种子休眠，二者间具有相互颉颃作用[19]。试验通过测定不同电场强度和处理时间对高粱种子萌发过程中的内源 GA 和 ABA 含量，进一步证实高压电场对高粱种子萌发的促进作用。

（1）高压电场对高粱种子内源赤霉素含量的影响

从表 2.13 可看出，各处理的内源 GA 含量均高于对照，其中 T$_5$ 含量最高，为 14.01ng/（g·FW），比对照提高了 153.35%。其中 T$_4$ 含量为 7.98ng/（g·FW），比对照提高 44.30%；T$_9$ 内源 GA 含量最低，为 5.81ng/（g·FW），仅比对照提高了 5.06%。

从图 2.26 可看出，在电场强度为 400kV/m、500kV/m 时，三个处理时间的内源 GA 含量都略高于对照，且随着处理时间的延长呈现出先增后减的趋势；在电场强度为 600kV/m 时，30～50min 范围内，内源 GA 含量随着处理时间的延长呈现降低的趋势。

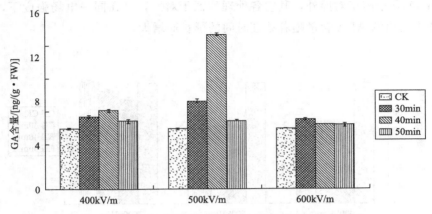

图 2.26 萌发期不同时间梯度对内源赤霉素含量的影响

从图 2.27 可看出，在处理时间为 30min、40min 时，三个电场强度的内源 GA 含量都略高于对照，且随着电场强度的增强呈现出先增后减的趋势；在处理时间为 50min，电场强度为 400～600kV/m 时，内源 GA 含量随着处理时间的延长呈现降低的趋势。

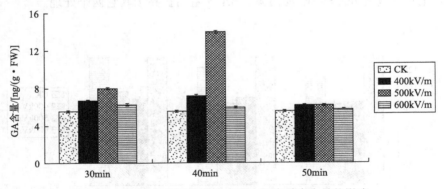

图 2.27 萌发期不同场强梯度对内源赤霉素含量的影响

（2）高压电场对高粱种子内源脱落酸含量的影响

从表 2.13 可看出，除 T_9 外，各处理的内源 ABA 含量均低于对照，其中 T_4、T_5 含量较低，为 85.64ng/(g·FW)、85.94ng/(g·FW)，分别比对照降低了 35.91%、35.69%；其次是 T_2、T_1，含量为 90.81ng/(g·FW)、87.73ng/(g·FW)，分别比对照降低了 32.04%、34.35%；T_9 内源 ABA 含量最高，为 134.89ng/(g·FW)，比对照提高了 0.94%。

从图 2.28 可看出，除电场强度为 600kV/m、处理时间为 50min 的种子内源 ABA 含量高于对照外，其它各处理均低于对照，且在同一电场强度下，萌发种子的内源 ABA 含量随着处理时间的延长而增大。

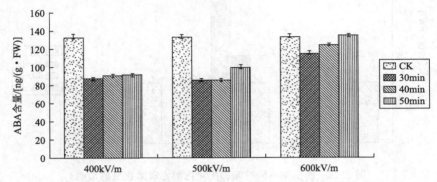

图 2.28　萌发期不同时间梯度对内源脱落酸含量的影响

从图 2.29 可看出，在处理时间为 30min、40min 时，各处理的内源 ABA 含量均低于对照，且都随着电场强度的增大呈现出先降后升的趋势；在处理时间为 50min 时，内源 ABA 含量随电场强度的增大而增大；在同一处理时间下，电场强度为 600kV/m 的内源 ABA 含量明显高于其它两个处理。

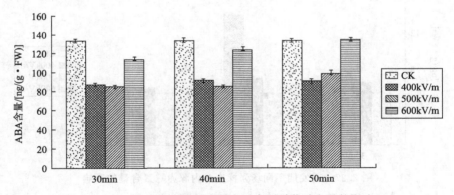

图 2.29　萌发期不同场强梯度对内源脱落酸含量的影响

9. 高压电场对高粱种子萌发生理生化效应综合分析

干种子生理活动极微弱，基本处于一种相对静止的休眠状态。在足够的水分、充足的氧气、适当的温度条件下，种子内会发生一系列的变化，由原休眠状态转变为生理活动状态，具体表现为贮藏物质发生分解转化，酶活性的增大，呼吸作用的增强，从而使胚生长，种子开始萌发[7]。因此，种子的萌发是种子体内一系列生理活动的结果，通过分析种子萌发期各项生理指标的变化，便可对种子萌发活力进行整体的综合判断。

（1）高粱种子萌发期各项生理指标的相关性分析

为了揭示种子萌发期间，其内部引发的一系列生理生化反应过程，分析各生理指标间的依存关系，探讨其相关程度，有必要对其进行相关性分析（见表2.14）。

表 2.14 高粱种子萌发期各生理指标的相关性分析

相关性	电导率 EC	脯氨酸 Pro	可溶性蛋白 SP	过氧化物酶 POD	过氧化氢酶 CAT	超氧化物歧化酶 SOD	α-淀粉酶	赤霉素 GA	脱落酸 ABA
电导率 EC	1.000	−0.938**	−0.635*	−0.699*	−0.205	−0.796**	−0.841**	−0.799**	0.677*
脯氨酸 Pro	−0.938**	1.000	0.724*	0.791**	0.052	0.796**	0.903**	0.845**	−0.799**
可溶性蛋白 SP	−0.635*	0.724*	1.000	0.880**	−0.269	0.783**	0.884**	0.399	−0.840**
过氧化物酶 POD	−0.699*	0.791**	0.880**	1.000	−0.304	0.718*	0.865**	0.462	−0.893**
过氧化氢酶 CAT	−0.205	0.052*	−0.269	−0.304	1.000	0.088	0.019	0.205	0.087
超氧化物歧化酶 SOD	−0.796**	0.796**	0.783**	0.718*	0.088	1.000	0.884**	0.433	−0.697*
α-淀粉酶	−0.841**	0.903**	0.884**	0.865**	0.019	0.884**	1.000	0.641*	−0.907**
赤霉素 GA	−0.799**	0.845**	0.399	0.462	0.205	0.433	0.641*	1.000	−0.520*
脱落酸 ABA	0.677*	−0.799**	−0.840**	−0.893**	0.087	−0.697*	−0.907**	−0.520*	1.000

注：** 表示在 $\alpha=0.01$ 水平上显著相关，* 表示在 $\alpha=0.05$ 水平上显著相关。

从表2.14可以看出，电导率（EC）与脯氨酸（Pro）、超氧化物歧化酶（SOD）、α-淀粉酶、赤霉素（GA）等指标间在 $\alpha=0.01$ 水平上都存在着显著负相关，与过氧化物酶（POD）、可溶性蛋白（SP）在 $\alpha=0.05$ 水平上也存在显著负相关，与脱落酸（ABA）在 $\alpha=0.05$ 水平上显著正相关；Pro与其它生理指标间（除与过氧化氢酶、可溶性蛋白在 α＝0.05 水平上显著相关）在 α＝0.01 水平上都存在着显著相关；SP 与 POD、SOD、α-淀粉酶、ABA 等指标间在 α＝0.01 水平上存在着显著正相关，与 ABA 在 α＝0.01 水平上显著负相关，与 CAT、GA 间相关性未达显著水平；POD 与 CAT、GA 间相关性未达显著水平，与 EC、SOD 在 α＝0.05 水平上显著相关，与其它指标在 α＝0.01 水平上显著相关；CAT 与其它指标间（除与脯氨酸）相关性都未达到显著水平；SOD 与 EC（负相关）、Pro、SP、α-淀粉酶在 α＝0.01 水平上显著相关，与 POD、ABA（负相关）间在 α＝0.05 水平上显著相关，与其它指标相关性未达到显著水平；α-淀粉酶与 EC（负相关）、Pro、SP、POD、SOD、ABA（负相关）在 α＝0.01 水平上显著相关，与 GA 间在 α＝0.05 水平上显著相关；GA 与 EC（负相关）、Pro 在 α＝0.01 水平上显著相关，与 α-淀粉酶、ABA（负相关）在 α＝0.05 水平上显著相关，与其它指标间相关性未达显著水平；ABA 与 Pro、SP、POD、α-淀粉酶间在 α＝0.01 水平上显著负相关，与 EC、SOD（负相关）、GA（负相关）间在 α＝0.05 水平上显著相关，与 CAT 间相关性未达显著水平。从以上分析可看出，除 CAT 外，其它八种指标间都存在较强的相关性，表达的信息上有部分重叠。

（2）不同高压电场处理条件对高粱种子萌发活力影响的综合判断

从表 2.14 可知，高粱种子萌发期各生理指标间存在着一定的相关性，为了综合各项生理指标对萌发活力的整体贡献，利用主成分分析法对其进行统计和分析（见表 2.15～表 2.17）。

表 2.15　解释的总方差

成分	初始特征值			提取平方和载入		
	合计	方差的%	累积%	合计	方差的%	累积%
1	6.307	70.076	70.076	6.307	70.076	70.076
2	1.439	15.991	86.067	1.439	15.991	86.067
3	0.638	7.094	93.161			
4	0.322	3.578	96.739			
5	0.139	1.544	98.283			
6	0.088	0.979	99.262			
7	0.038	0.423	99.685			
8	0.024	0.264	99.950			
9	0.005	0.050	100.000			

表 2.16 萌发期生理指标初始因子载荷矩阵和特征向量矩阵表

指标	成分矩阵		特征向量矩阵	
EC	−0.897	−0.326	−0.3572	−0.2718
Pro	0.956	0.179	0.3807	0.1492
SP	0.874	−0.363	0.348	−0.3026
POD	0.897	−0.349	0.3572	−0.2909
CAT	−0.021	0.895	−0.0084	0.7461
SOD	0.867	0.031	0.3452	0.0258
amylase	0.980	−0.012	0.3902	−0.01
GA	0.708	0.463	0.2819	0.386
ABA	−0.899	0.177	−0.358	0.1476

表 2.17 标准化后的变量和主成分分析结果

处理	$Z_{电导率}$	Z_{Pro}	Z_{SP}	Z_{POD}	Z_{CAT}	Z_{SOD}	$Z_{淀粉酶}$	Z_{GA}	Z_{ABA}	Z_1	Z_2	Z
CK	1.309	−1.235	−1.763	−1.393	0.195	−1.530	−1.909	−0.659	1.513	−4.05	0.49	−3.21
T_1	0.768	−0.402	0.216	−0.116	−0.326	−0.807	−0.003	−0.240	−0.864	−0.43	−0.78	−0.50
T_2	−0.899	0.709	1.193	0.590	1.294	1.387	0.909	0.026	−0.739	2.31	0.71	2.01
T_3	−0.235	0.513	0.479	0.997	−1.731	0.453	0.256	−0.426	−0.538	1.15	−1.82	0.60
T_4	−0.925	0.896	1.062	0.994	−0.437	1.632	1.250	0.364	−0.942	2.89	−0.52	2.26
T_5	−1.882	1.986	0.512	0.823	0.555	0.532	1.195	2.715	−0.909	3.64	1.74	3.29
T_6	0.090	−0.311	0.249	0.929	−0.156	−0.430	0.093	−0.398	−0.379	0.18	−0.75	0.01
T_7	1.051	−0.468	0.027	−0.384	−0.331	−0.143	−0.125	−0.329	0.445	−1.03	−0.56	−0.94
T_8	0.188	−0.674	−1.615	−1.381	1.717	−0.291	−0.656	−0.486	0.916	−2.22	1.97	−1.44
T_9	0.535	−1.015	−0.359	−1.060	−0.779	−0.802	−1.010	−0.567	1.495	−2.44	−0.47	−2.07

　　从表 2.15 可知，特征值大于 1 的成分有两个，也就是说可以提取两个主成分，这两个主成分的方差占总方差的百分比累计达 86.07%，也就是说这两个主成分能解释全部信息的 86.07%，提取较为完全。由表 2.16 初始因子载荷矩阵可知，除 CAT 外，其它八个指标在第一主成分上都有较高载荷，说明第一主成分基本反映了这些指标的信息；CAT、GA 指标在第二主成分上有较高载荷，说明第二主成分基本反映了 CAT、GA 这两个指标的信息。可以看出，提取的这两个主成分可以基本反映全部指标的信息，所以决定用这两个新变量来代替原来的十个变量。然后用初始因子载荷矩阵中的数据除以主成分相对应的特征值开平方根便得到两个主成分中每个指标所对应的系数（见特征向量矩阵）。从特征向量矩阵可以得到主成分的计算公式：

$$Z_1 = -0.36X_1 + 0.38X_2 + 0.35X_3 + 0.36X_4 - 0.01X_5 + 0.35X_6 +$$
$$0.39X_7 + 0.28X_8 - 0.36X_9 \tag{2-17}$$

$$Z_2 = -0.27X_1 + 0.15X_2 - 0.30X_3 - 0.29X_4 + 0.75X_5 + 0.03X_6 -$$
$$0.01X_7 + 0.39X_8 + 0.15X_9 \tag{2-18}$$

把标准化后的变量（见表2.17）分别代入式(2-17)、(2-18)中，就可得到表2.17所示的两个主成分变量 Z_1、Z_2；然后用主成分对应的特征值除以特征值的和，可以得到主成分的得分系数；综合主成分值就等于 Z_1、Z_2 分别乘以相对应的主成分得分系数后的和，由此我们得到了对照和处理的综合主成分得分值 Z。按表2.17综合得分值 Z 的大小，对处理和对照进行排序，可以得到综合主成分得分顺序依次为 CK $<$ T$_9$ $<$ T$_8$ $<$ T$_7$ $<$ T$_1$ $<$ T$_6$ $<$ T$_3$ $<$ T$_2$ $<$ T$_4$ $<$ T$_5$，即对照综合主成分得分值最低，T$_5$ 最高。

（四）讨论

1. 高压电场对高粱种子电导率的影响

浸出液电导率反映了植物细胞膜系统的完整程度，细胞膜通透性是细胞和周围环境进行物质交换的特性。生物膜是细胞与胞外交流的场所。干种子吸水萌发时，细胞膜磷脂分子构象由脱水时的六角晶状恢复到水合分子的片层结构，膜相也由凝胶状态恢复到液晶状态，随之膜的选择半透功能也迅速恢复[20]。由于细胞内外巨大的水势差易引起膜损伤，所以种子在吸胀过程中，细胞膜系统需要进行修复和重建。适宜的高压静电处理，可使种子细胞介质电势增大，离子渗出减少，表现为电解质外渗率降低，膜透性减小，促进膜修复能力的增强。高压电场处理高粱种子后，由于电场的作用，使膜两侧出现附加电荷，通过细胞膜表面电荷性质和数量的改变，引起脂质极性基端的侧向移动，引起烃链的倾斜弯曲，使极性的磷脂分子的构象或排列发生变化，膜相态的改变有利于吸水时膜结构和功能的迅速恢复，或有利于膜损伤部分的顺利修复，保持膜系统的完整性[21]。该试验结果表明：高压电场处理高粱种子后各处理的浸出液电导率均低于对照，T$_5$（500kV/m×40min）下降幅度最大，为49.29%，说明高压电场处理高粱种子，增强了膜的完整性。这一结论与前人研究结果相一致[22]，都表明经电场处理的种子浸出液的相对电导率都低于对照，认为种子浸出液电导率的大小在一定程度上反映了种子细胞膜系统的完整程度，种子的浸出液电导率下降可能是电场对膜系统的修复作用的结果，由此说明高压静电场对细胞膜的修复具有一定的促进作用。

2. 高压电场对高粱种子萌发时 α-淀粉酶活性的影响

α-淀粉酶是种子萌发过程中的主要水解酶类，它的活性高低与种子的发芽快慢密切相关[23]。该试验表明：高压电场处理高粱种子后，各处理的 α-淀粉酶活性均高于对照，但高压电场对高粱种子 α-淀粉酶活性的影响有阈值效应，在电场强度为 600kV/m，不同处理时间下，α-淀粉酶活性虽都高于对照，但随着处理时间的延长而降低；T_4（500kV/m×30min）、T_5（500kV/m×40min）提高的幅度最大，处理效果较好，表明适宜的高压电场处理可有效地刺激高粱种子内部的各种贮藏物质由休眠状态转变为活跃状态，激活种子内部代谢酶的活性，加快物质的分解、转运和利用，提高种子内部的物质的新陈代谢。其机理可能是由于强电场改变了种子体内生物膜电位，引起细胞内极性分子和金属离子的定向排列[24]，α-淀粉酶中的 Ca^{2+} 的金属酶在电场作用下，定向排列使 α-淀粉酶构象改变而激活。

有研究表明，脱氢酶活性在电场处理组也比对照高，反映了呼吸代谢的增强，种子呼吸旺盛反过来又促进了新陈代谢，加速新细胞形成[25]。脱氢酶、α-淀粉酶作为代谢酶的关键酶，这些代谢酶活性的提高促进了种子内贮藏物质淀粉、蛋白质、脂肪等生物大分子的转化、分解以及蛋白质的合成，为种子萌发提供了物质和能量的基础，也是种子在静电场处理后发芽率、发芽势提高的内在原因。因此，电场处理可以有效激活与代谢相关的酶，从而提高了种子活力。也有研究认为，电场处理可提高种子种皮的透水性，促使种子内淀粉酶活性增强，加速了种子内生理生化变化，从而促进了种子萌发。张丽萍等用高压电场处理大麦种子，结果表明处理组的淀粉酶均高于对照；廖登群等研究表明，适宜的电场处理除了提高呼吸强度，产生大量的 ATP 外，还可以有效加速种子内部贮藏物质的分解转化，加快将其分解成葡萄糖、氨基酸、脂肪酸的速度，为种子旺盛的生理活动提供充足的物质基础和能量来源[26]。

3. 高压电场对高粱种子萌发时保护酶活性的影响

超氧化物歧化酶（SOD）普遍存在于动植物体内；过氧化物酶（POD）是植物各器官、组织中普遍存在的抗氧化酶之一，与体内的许多生理代谢、细胞的生长、分化关系密切；过氧化氢酶（CAT）是细胞内清除过量 H_2O_2 的主要酶。过氧化氢酶（CAT）、过氧化物酶（POD）、超氧化物歧化酶（(SOD)是清除生物体内活性氧和自由基的三大关键酶，其活性的提高，可以减少活性氧的积累，减轻膜脂过氧化，使膜结构和功能得到恢复，从而保证膜系统的完整性[17]。杨体强在三种不同的水分胁迫下利用电场处理油葵种子后，POD 活性较对照分别提高 20.0%、19.0%、20.1%，SOD 活性较对照分别提高 25.1%、27.5%、20.4%，表明二者能有效减轻膜脂过氧化的作用，达到保护膜系统、增强种子抗旱性的目的[27]。陈信利用强电场处理水稻幼苗后，α-淀粉酶、总淀粉酶、POD和CAT活性的显著提高，说明电场处理有效提高了种子淀粉的转化能力及贮藏物质的分解能力，降低了有害物质的残留，利于水稻幼苗的生长发育[28]。生菜、葱叶种子经静电磁场处理后，种子的发芽指标及各种保护酶指标均较对照显著提高，非原质体及共质体的抗氧化系统发生了变化[29]。因此，电场处理可以有效提高各种保护酶的活性，减轻膜脂过氧化，保护膜系统。该试验表明，高压电场处理高粱种子后，各处理的过氧化物酶（POD）、超氧化物歧化酶（SOD）活性均高于对照，这与杨体强高压电场对油葵种子萌发影响的结果一致。过氧化氢酶（CAT）活性则表现出不同的处理效应，T_2（400kV/m × 40min）、T_5（500kV/m × 40min）、T_8（600kV/m×40min）高于对照，T_8提高的幅度最大，处理效果最好，这表明适宜的高压电场处理可有效地提高种子内过氧化氢酶（CAT）活性，减少活性氧，减轻膜脂过氧化，使膜结构和功能得到恢复，从而保证膜系统的完整性；其它处理均低于对照，这与之前研究结果不相一致，究其原因可能是活力高的种子在萌发初期细胞膜部分发生过氧化作用，使膜的透性改善，有利于水、氧、氮和微量元素渗入种子中，快速打破种子休眠，使种子提前萌发，自由基清除酶系活性较低，CAT活性比对照降低，有利于种子内的自由基的含量提高，使细胞膜发生适度的过氧化，使水、氧、氮和微量元素渗入种子中，使种子中的贮藏物迅速降解，进而影响种子的活力。这与白亚乡的结论相符，他在研究高压静电场对农作物的生物学效应时发现，电场处理的植物种子自由基含量显著增加[29]。

4. 高压电场对高粱种子萌发时脯氨酸含量的影响

脯氨酸是水合能力较强的氨基酸，在植物低温伤害研究中，人们常常把脯氨酸当作膜稳定剂，在植物体内是最重要和有效的有机渗透调节物质，具有保持原生质体与环境的渗透平衡和膜结构的完整性，提高其抗逆性的特点[19]。该试验结果表明：高压电场处理高粱种子后，各处理的脯氨酸（Pro）含量均高于对照，T_5（500kV/m×40min）提高的幅度最大，处理效果最好。这可能与高压电场处理种子后，使得代谢关键酶活性提高，贮藏大分子物质得到分解、转化，代谢加快，导致种子内脯氨酸（Pro）含量升高有关。

5. 高压电场对高粱种子萌发时可溶性蛋白含量的影响

蛋白质是构成生物体的重要组成部分。种子萌发中，随着贮藏蛋白质的降解，氨基酸含量迅速增加，一部分氨基酸被利用合成新蛋白，而更多的氨基酸通过韧皮部运至胚轴。一方面，蛋白质是两性电解质，在水溶液中能电离，并释放出氢离子；另一方面，多肽键通过氨基酸侧链的各种作用，利用氢键、离子键、疏水键进一步折叠而形成立体结构，由于电场作用使离子浓度改变、电子密度重新有序分布，加速了氢键的形成速度，促进了氨基酸供胚生长，也加快了蛋白质合成[23]。该试验表明：高压电场处理高粱种子后，各处理的可溶性蛋白含量均高于对照，但高压电场对高粱种子可溶性蛋白含量的影响有阈值效应，T_2（400kV/m×40min）提高的幅度最大，处理效果最好。研究表明适宜的高压电场处理可有效地提高种子可溶性蛋白含量，加快种子内营养物质的转换效率和种子萌发过程中代谢活动，促进了种子的萌发，这也与上述分析相一致。

6. 高压电场对高粱种子萌发时内源激素含量的影响

激素是植物体内的信号调节物质，它能调控植物的生长。种子萌发过程主要受到赤霉素（GA）和脱落酸（ABA）的调节作用。在种子萌发过程中，赤霉素会通过信号调控调节酶的合成和种子内部的一系列生化过程，来促进种子萌发；而脱落酸会抑制 RNA 和蛋白质的合成，从而使胚生长受到抑制[25]。前人研究认为，萌发初期，ABA 在种子中含量较大，随萌发进行其含量逐渐降低。种子萌发是多种激素综合调控的复杂生理过程[25]。

该试验表明，高压电场处理高粱种子后，各处理的内源 GA 含量均高于对照，T_5（500kV/m×40min）提高的幅度最大，处理效果最好。其原因可能是适宜的高压电场处理可有效地提高种子内源 GA 含量，使贮藏在种子中的束缚态 GA 通过酶促水解转变成游离态 GA，促进种子的萌发。GA 在促进种子发育和调控种子发芽中起着十分重要的作用，它通过提高各种酶活性来加速体内物质的分解与合成，从而促进种胚的分化发育和种子萌发[21]。而内源 ABA 含量 T_9（600kV/m×40min）高于对照，可能原因是电场强度过大抑制种子的萌发造成的；其它各处理均低于对照，T_4（500kV/m×30min）降低的幅度最大，抑制效果最明显。ABA 可诱导发育种子的休眠，并抑制种胚的过早萌发和贮藏物质的过早水解转化，而适宜的高压电场处理可有效地降低种子内源 ABA含量，就成为高粱种子萌发的促进因子。

前人研究认为，种子萌发阶段，胚乳内贮藏物质在降解和转化的同时，内源激素 ABA、GA、CTK 和 IAA 含量也在发生一系列变化，共同调节种子萌发进程。在种子萌发过程中 ABA 的主要作用是拮抗 GA 诱导贮藏物质的转化，它在抑制 GA 诱导 α-淀粉酶活性来抑制萌发，同时还可降低蛋白质催化可溶性蛋白的分解，从而阻止种子萌发过程中物质的转化。随着种子萌发的进行，胚乳中 ABA 含量会逐渐降低，这种变化趋势有利于胚乳中水解酶活性的提高，促进种子的萌发[23]。

7. 高压电场对高粱种子萌发时各项生理指标的主成分分析

种子在萌发时，其体内会产生一系列的生理生化反应，而这些生理生化指标的变化在很大程度上体现了种子萌发活力的强弱，是反映种子活力大小的内在原因和机理。在该研究中，探究了高压电场不同处理对多项生理指标的影响，由于每个指标都在不同程度上反映了种子萌发活力的某些信息，并且指标之间彼此有一定的相关性，因而所得的统计数据反映的信息在一定程度上有重叠。在用统计方法研究相关的多变量问题时，会造成问题分析的复杂性，因此在该研究中，利用主成分分析法，提取少量的主成分，既能尽可能地反映原变量信息，又避免了权重确定的不科学性，使评价结果真实可靠[30]。

主成分分析表明，提取的第一主成分和第二主成分的累计贡献率达到85％以上，第一主成分集中体现了各指标对萌发活力的贡献，贡献率达到70％，CAT、GA 在第二主成分有较高载荷。因此，这两个主成分既起到了降维的效果，又基本反映了所有指标的相关信息，主成分分析结果排序很好地体现了高压电场处理种子萌发后的各项生理生化指标的综合贡献。

（五）小结

1. 高压电场对高粱种子电导率的影响

试验结果表明：高压电场处理高粱种子后，各处理的电导率均低于对照，T_5 下降的幅度最大，处理效果最好。表明不同处理种子浸出液的电导率下降的程度不同，但都有效促进了种子内膜系统的修复，保持膜结构和功能的完善，提高了种子活力。

2. 高压电场对高粱种子萌发时 α-淀粉酶活性的影响

试验结果表明：高压电场处理高粱种子后，各处理的 α-淀粉酶活性均高于对照，但高压电场对高粱种子 α-淀粉酶活性的影响有阈值效应，T_4、T_5 提高的幅度最大，处理效果较好。表明适宜的高压电场处理可有效地刺激高粱种子内部的各种贮藏物质由休眠状态转变为活跃状态，激活种子内部代谢酶的活性，加快物质的分解、转运和利用，提高种子内部物质的新陈代谢。

3. 高压电场对高粱种子萌发时保护酶活性的影响

试验结果表明：高压电场处理高粱种子后，各处理的过氧化氢酶（CAT）活性表现出不同的处理效应，T_2、T_5、T_8 高于对照，其中 T_8 提高的幅度最大，处理效果最好；其它处理均低于对照。各处理的过氧化物酶（POD）、超氧化物歧化酶（SOD）活性均高于对照，且高压电场对高粱种子过氧化物酶（POD）活性、超氧化物歧化酶（SOD）活性的影响有阈值效应，过氧化物酶（POD）活性 T_3 提高的幅度最大，超氧化物歧化酶（SOD）活性 T_4 处理效果最好。研究表明适宜的高压电场处理可有效地提高种子内抗氧化酶系的活性，减少活性氧的积累，减轻膜脂过氧化，使膜结构和功能得到恢复，从而保证膜系统的完整性。

4. 高压电场对高粱种子萌发时脯氨酸含量的影响

试验结果表明：高压电场处理高粱种子后，各处理的脯氨酸（Pro）含量均高于对照，但高压电场对高粱种子脯氨酸（Pro）含量的影响有阈值效应，T_5 提高的幅度最大，处理效果最好。表明适宜的高压电场处理可有效地提高种子内脯氨酸（Pro）含量，而脯氨酸（Pro）在植物体内是最重要和有效的有机渗透调节物质，具有保持原生质体与环境的渗透平衡和膜结构的完整性，提高其抗逆性的作用。

5. 高压电场对高粱种子萌发时可溶性蛋白含量的影响

试验结果表明：高压电场处理高粱种子后，各处理的可溶性蛋白含量均高于对照，但高压电场对高粱种子可溶性蛋白含量的影响有阈值效应，T_2 提高的幅度最大，处理效果最好。表明适宜的高压电场处理可有效地提高种子可溶性蛋白含量，加快种子内营养物质的转换效率和种子萌发过程中的代谢活动，促进了种子的萌发。

6. 高压电场对高粱种子萌发时内源激素含量的影响

试验结果表明：高压电场处理高粱种子后，各处理的内源 GA 含量均高于对照，但高压电场对高粱种子内源 GA 含量的影响有阈值效应，T_5 提高的幅度最大，处理效果最好。表明适宜的高压电场处理可有效地提高种子内源 GA 含量，使贮藏在种子中的束缚态 GA 通过酶促水解转变成游离态 GA，促进种子的萌发。GA 在促进种子发育和调控种子发芽中起着十分重要的作用，它通过提高各种酶活性来加速体内物质的分解与合成，从而促进种胚的分化发育和种子萌发。对内源 ABA 的影响是除 T_9 外，各处理含量均低于对照，但降低的幅度大小不一，T_4 降低的幅度最大，抑制效果最明显，表明 ABA 可诱导发育种子的休眠，并抑制种胚的过早萌发和贮藏物质的过早水解转化，而适宜的高压电场处理可有效地降低种子内源 ABA 含量，就成为高粱种子萌发的促进因子。

7. 高压电场对高粱种子萌发时各生理指标主成分分析结果

主成分分析结果表明，除 CAT 外，其它生理指标间有显著相关性，且电导率、内源 ABA 与其它指标间呈显著负相关关系；第一、第二主成分的累计贡献率达到 86.07%，基本反映了所有指标的相关信息；对第一、第二主成分分析结果的综合分析得出，生理指标对高粱种子萌发的得分排序为：CK<T_9<T_8<T_7<T_1<T_6<T_3<T_2<T_4<T_5，各处理的得分都高于对照，其中 T_5 各项生理指标对萌发活力贡献最大，T_4、T_2 仅次之。

三、高压电场对高粱苗期的生物学效应

通过高压电场处理高粱种子测定其萌发期的各项生理指标，并进行相关性分析和主成分分析，得出效果较好的三个高压电场处理条件，其对各生理指标的影响次序为 500kV/m×40min＞500kV/m×30min＞400kV/m×40min。在这三种条件下，都可以显著提高高粱种子的萌发活力。选用这三个电场处理条件，进行种子处理后播种，进一步从苗期的生理生化变化角度探讨高压电场对高粱种子影响的后续效应。

（一）试验内容

1. 试验材料

种子材料和高压电场发生装置同前文；S-5100 型便携式光合测定仪；TYS-3N 植株养分速测仪（浙江托普仪器有限公司提供）。

2. 试验方法

（1）高压电场处理高粱种子

根据高压电场对高粱种子萌发时各生理指标的影响，采用相关性分析和主成分分析方法，依据分析结果，选取电场强度为 500kV/m、处理时间为40min；电场强度为 500kV/m、处理时间为 30min；电场强度为 400kV/m、处理时间为 40min 三个处理条件，未处理为对照。具体设计方案见表 2.18。

每处理挑选饱满、整齐一致的 150 粒（约 4.5g）高粱种子，单层平铺在金属板中央（忽略高压电场的边缘效应），共 3 个处理，每处理 3 次重复，按表 2.18 试验方案进行处理。处理后种子随即播种于山西农业大学棉花研究所南花农场。

表 2.18　高压电场处理高粱种子试验方案

处理编号	CK	T_1	T_2	T_3
电场强度/(kV/m)	0	500	500	400
处理时间/min	0	40	30	40

（2）试验区概况

试验于 2014 年 6 月至 2014 年 9 月在山西棉花研究所南花农场（35°02′N，10°98′E）进行。该区属暖温带大陆性气候，雨量适中，光照充足，四季分明，历年春季干旱多风，夏季炎热多雨，秋季凉爽多晴天，冬季寒冷少雪。多年平均气温 12.4℃，全年日照时数为 2750h，年平均降雨量为 580mm，无霜期在 200d 左右。试验田土壤为砂质壤土，0～20cm 土壤容重为 1.13g/cm³，土壤紧实度为 3531.6kPa。养分质量分数：有机质 1.53%，速效氮 57.73mg/kg，速效磷 23.80mg/kg，速效钾 168.20mg/kg。

3. 试验设计

大田试验采用单因素随机区组设计，共 10 个小区（一个对照，三个处理，每处理 3 次重复），小区面积 15.12m²（2.8m×5.4m），每个小区周围都设有保护行。播前灌水、旋耕、施基肥，2014 年 6 月 5 日上午人工进行撒播。出苗后 3 叶期进行间苗，按株距 20cm，行距 40cm 定苗。高粱生长期间依据生长情况进行中耕除草、病虫害防治。

4. 高粱种子苗期生理生化指标的测定

（1）叶绿素与氮含量的测定

采用上海鑫态国际贸易有限公司生产的 TYS-3N 植株养分速测仪进行植株活体检测，该方法测定植物叶片的叶绿素含量简单省时，不伤害植物叶片，而且不受时间、气候条件的限制。测定原理是通过测量叶片在两种波长范围内的透光系数来确定叶片当前叶绿素的相对含量，即在叶绿素选择吸收待定波长光的两个波长区域，根据叶片透射光量来计算测量值。叶绿素值为比值，无单位，叶片氮含量 mg/g。叶绿素含量的测定结果是 SPAD（soil and plant analyzer development）值，是在两种波长 650nm 和 940nm 下发光，通过叶片传输光的强度比率进行计算，来确定叶片当前叶绿素的相对含量（两种波长范围内的透光系数来确定叶片当前叶绿素的相对含量），SPAD值与叶绿素之间成正比关系，在试验中通常用SPAD值间接地代表叶绿素值，来评估植物健康状况、生长状态。

测定方法：高粱播种出苗后8～12叶，在晴朗微风条件下，于上午9：00—11：00，每个小区随机选取高粱主茎上功能叶（倒三叶）30片，每叶片测定底部、中部和顶部三个点，避开叶脉，取其平均值作为该叶片的SPAD值，同时可得到叶片的氮含量和叶面温度。

（2）光合特性的测定

采用浙江托普仪器有限公司提供的S-5100型便携式光合测定仪，测定高粱叶片的光合速率（Pn）、蒸腾速度（Tr）、气孔导度（Gs）及胞间CO_2浓度（Ci）等光合指标，同时可得到光合有效辐射、空气相对湿度、气温、环境CO_2浓度等参数。每处理选取健壮植株5株，对每个植株的倒四叶（成熟功能叶）进行活体测量，每叶片测定3次，取其平均值进行计算。测定时间为8：00至16：00，每隔两小时测定一次，天气晴朗，空气温度为35.6～37.6℃，叶温为37.1～38.9℃，大气压力为1.103MPa，流量为0.47～0.50mol/min。

（3）其它生理指标的测定

其它生理指标如过氧化氢酶（CAT）活性、过氧化物酶（POD）活性、超氧化物歧化酶（SOD）活性、脯氨酸（Pro）含量、可溶性蛋白（SP）含量的测定方法见前文。

（二）数据处理

利用Excel、DPS、SPSS13.0等软件对观测数据进行方差分析、多重比较分析并绘图和制表。

（三）结果与分析

表2.19　高压电场对高粱苗期生理指标影响的试验结果

试验号	叶绿素含量 /(mg/g)	氮素含量 /(mg/g)	可溶性蛋白含量 /(mg/g)	脯氨酸含量 /(μg/g)	POD活性 /(U/g)	SOD活性 /(U/g)
CK	28.75±0.38	2.00±0.02	1.32±0.23	13.74±1.52	93.50±5.79	156.96±7.50
T₁	32.39±0.17	2.23±0.01	3.45±0.35	23.01±2.77	117.80±7.20	186.67±8.02
T₂	31.81±0.19	2.19±0.01	2.91±0.35	20.42±2.21	103.33±3.42	166.02±5.01
T₃	30.95±0.50	2.15±0.03	1.83±0.40	15.88±1.06	97.87±3.85	162.67±5.69

1.高压电场对高粱苗期叶片叶绿素、氮含量的影响

植物叶绿素、氮素是植物生长的重要营养和生理参数,是反映植物生命体征的重要参数。从表2.19可看出,各处理的叶绿素含量和氮含量均高于对照,T_1、T_2、T_3的叶绿素含量分别为32.39mg/g、31.81mg/g、30.95mg/g,比对照分别提高了12.66%、10.64%、7.65%;三个处理的氮含量分别为2.23mg/g、2.19mg/g、2.15mg/g,比对照分别提高了11.5%、9.5%、7.5%。

从图2.30和图2.31可看出,三个处理的叶绿素含量和氮含量均高于对照,大小顺序为$T_1 > T_2 > T_3 > CK$。

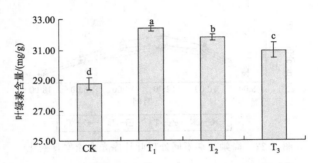

图2.30 高粱苗期不同处理对叶片叶绿素含量的影响

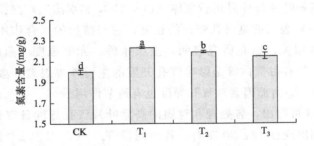

图2.31 高粱苗期不同处理对叶片氮素含量的影响

2.高压电场对高粱苗期叶片光合特性的影响

(1)高粱苗期叶片净光合速率日变化

光合速率通常指单位时间、单位叶面积的CO_2吸收量或O_2的释放量,也常用单位时间、单位叶面积的干物质积累量来表示。由于绿色植物在光下进行光合作用时,也无时不刻在进行着细胞呼吸,通常光合仪测定得到的光合速率没有把呼吸作用(光、暗呼吸)以及呼吸释放的CO_2被光合作用再固定等因素考虑在内,得到的测定结果实际上是表观光合速率或净光合速率

（net photosynthetic rate，Pn），即净光合速率＝真正光合速率－呼吸速率，一般可以用氧气的净生成速率、二氧化碳的净消耗速率和有机物的积累速率表示。

高粱苗期不同处理间叶片净光合速率的日变化曲线见图 2.32。各处理和对照的高粱叶片净光合速率日变化曲线都呈单峰型，峰值都出现在 12：00 左右，没有出现光合作用"午休"现象。其中 8：00—10：00 之间净光合速率增加迅速，在 10：00—14：00 之间维持较高的净光合速率，14：00 以后净光合速率呈逐渐下降的趋势。高粱苗期叶片净光合速率总体上顺序依次为 $T_1 >$ $T_2 > T_3 >$ CK。

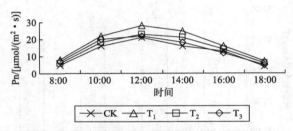

图 2.32 高粱苗期不同处理叶片净光合速率日变化

（2）高粱苗期叶片气孔导度日变化

气孔是植物叶片与外界进行气体（O_2、CO_2 和水蒸气）交换的主要通道，气孔导度（Gs）表示的是气孔张开的程度，它与植物的光合作用、呼吸作用、蒸腾作用息息相关。已有研究表明，土壤条件、光照强度、蒸腾作用、CO_2 浓度、空气中的有毒气体等是影响气孔开度的主要外界因素，激素如脱落酸、一些离子如 K^+ 等内部因素对气孔导度也有调节作用。

从图 2.33 可看出，各处理和对照的高粱叶片气孔导度日变化曲线都呈单峰型，峰值都出现在 12：00 左右。各时间段 T_1、T_2、T_3 三个处理的气孔导度值都明显高于对照，其中 T_1 的气孔导度值在 14：00 以前均高于其他处理，从 14：00 开始下降速度变快。

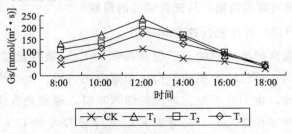

图 2.33 高粱苗期不同处理叶片气孔导度日变化

（3）高粱苗期叶片蒸腾速率日变化

蒸腾速率（Tr）又称蒸腾率或蒸腾强度，它是指在单位叶面积、单位时间内植物通过蒸腾作用散失的水量。蒸腾作用的强弱，可以反映出植物对水分利用的效率或植物体内水分代谢的状况。

从图 2.34 可看出，各处理和对照的高粱叶片蒸腾速率日变化曲线都呈单峰型，峰值都出现在 12：00 左右；10：00—12：00 各处理蒸腾速率升高较快；12：00—14：00 各处理的蒸腾速率略有下降，但都维持在较高的数值；14：00 后出现较快的下降。T_1、T_2、T_3 这三个处理在各时间段的蒸腾速率值都明显高于对照，其中 T_1 的蒸腾速率值明显高于其它处理。

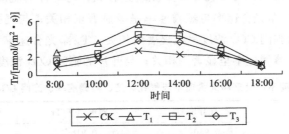

图 2.34　高粱苗期不同处理叶片蒸腾速率日变化

（4）高粱苗期叶片胞间 CO_2 浓度日变化

胞间 CO_2 浓度（Ci）反映大气输入、光合利用和光呼吸的动态平衡的瞬间浓度。实际上，胞间 CO_2 浓度的大小取决于 4 个可能变化的因素：叶片周围空气的 CO_2 浓度、气孔导度（Gs）、叶肉导度和叶肉细胞的光合活性。按照光合生理学，胞间二氧化碳浓度是 CO_2 同化速率与气孔导度的比值。空气中 CO_2 浓度增高，气孔导度、叶肉导度增大，以及叶肉细胞的光合活性降低都可以导致胞间 CO_2 浓度的增高；而空气中 CO_2 浓度降低，气孔导度与叶肉导度减小，以及叶肉细胞的光合活性提高都可以导致胞间 CO_2 浓度的降低。当空气中 CO_2 浓度恒定不变时，胞间 CO_2 浓度的变化是气孔导度、叶肉导度和叶肉细胞光合活性变化的代数和。

从图 2.35 可看出，各处理和对照的高粱叶片胞间 CO_2 浓度日变化曲线都呈"U"型，总体来看都呈现先降后升的变化趋势，最高值都出现在 18：00。对照（未经电场处理）的高粱叶片 Ci 值在各个时间段都要高于其它处理值，三个处理中 T_1 在各时间段的 Ci 值都要低于其它处理值。

（5）净光合速率与气孔导度、蒸腾速率、胞间 CO_2 浓度的相关性分析

由表 2.20 可知，CK 净光合速率与气孔导度呈极显著正相关；与蒸腾速

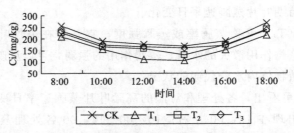

图 2.35　高粱苗期不同处理叶片胞间 CO_2 浓度日变化

率呈显著正相关；与叶片胞间 CO_2 浓度呈极显著负相关。T_1 净光合速率与蒸腾速率呈极显著正相关；与气孔导度呈显著正相关；与叶片的胞间 CO_2 浓度呈极显著负相关。T_2 净光合速率与蒸腾速率呈极显著正相关；与气孔导度呈显著正相关；与叶片的胞间 CO_2 浓度呈极显著负相关。T_3 净光合速率与气孔导度呈极显著正相关；与蒸腾速率呈显著正相关；与叶片的胞间 CO_2 浓度呈显著负相关。

表 2.20　高粱苗期不同处理净光合速率与气孔导度、蒸腾速率、胞间 CO_2 浓度的相关系数

处理	气孔导度 Gs	蒸腾速率 Tr	胞间 CO_2 浓度 Ci
CK	0.940**	0.915*	−0.943**
T_1	0.825*	0.941**	−0.963**
T_2	0.882*	0.927**	−0.940**
T_3	0.933**	0.855*	−0.886*

注：* 表示在 0.05 水平（双侧）上显著相关；** 表示在 0.01 水平（双侧）上显著相关。

3. 高压电场对高粱苗期叶片可溶性蛋白含量的影响

从表 2.19 可看出，各处理叶片的可溶性蛋白含量均高于对照，T_1、T_2、T_3 的叶片可溶性蛋白含量分别为 3.45mg/g、2.91mg/g、1.83mg/g，比对照分别提高了 161.36%、120.45%、38.64%。从图 2.36 可看出，三个处理的可溶性蛋白含量均高于对照，大小顺序为 $T_1 > T_2 > T_3 > CK$。

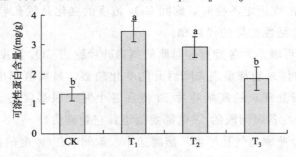

图 2.36　高粱苗期不同处理对叶片可溶性蛋白含量的影响

4. 高压电场对高粱苗期叶片脯氨酸含量的影响

从表 2.19 可看出，各处理叶片的脯氨酸含量均高于对照，T_1、T_2、T_3 的叶片脯氨酸含量分别为 23.01μg/g、20.42μg/g、15.88μg/g，比对照分别提高了 67.47%、48.62%、15.57%。

从图 2.37 可看出，三个处理的脯氨酸含量均高于对照，大小顺序为 $T_1 > T_2 > T_3 > CK$。

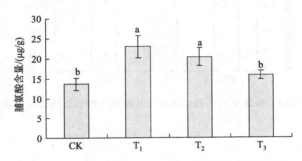

图 2.37　高粱苗期不同处理对叶片脯氨酸含量的影响

5. 高压电场对高粱苗期叶片过氧化物酶活性的影响

从表 2.19 可看出，各处理叶片的过氧化物酶（POD）活性均高于对照，T_1、T_2、T_3 的叶片 POD 活性分别为 117.80U/g、103.33U/g、97.87U/g，比对照分别提高了 25.98%、10.51%、4.67%。

从图 2.38 可看出，三个处理的 POD 活性均高于对照，大小顺序为 $T_1 > T_2 > T_3 > CK$。

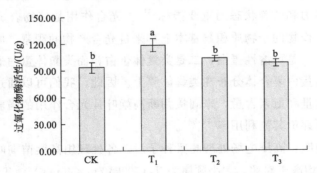

图 2.38　高粱苗期不同处理对叶片过氧化物酶活性的影响

6. 高压电场对高粱叶片超氧化物歧化酶活性的影响

从表 2.19 可看出，各处理叶片的超氧化物歧化酶（SOD）活性均高于对照，T_1、T_2、T_3 的叶片 SOD 活性分别为 186.67U/g、166.02U/g、162.67U/g，比对照分别提高了 18.93%、5.8%、3.63%。

从图 2.39 可看出，三个处理的 SOD 含量均高于对照，大小顺序为 $T_1>$ $T_2>T_3>$CK。

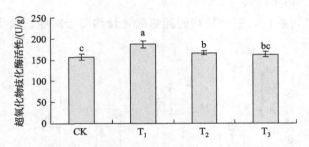

图 2.39　高粱苗期不同处理对叶片超氧化物歧化酶活性的影响

（四）讨论

1. 高压电场对高粱苗期叶片叶绿素、氮含量的影响

叶绿体是植物光合作用的重要细胞器，是光合作用的场所。叶绿素类和类胡萝卜素等光合色素都存在于叶绿体的类囊体膜上，大部分叶绿素 a 和全部叶绿素 b 都具有收集和传递光能的作用，只有少数特殊的叶绿素 a 能够将光能转换为电能，而类胡萝卜素具有吸收和传递光能的作用，它能保护叶绿素防止其自身氧化或被光氧化破坏。因此，叶绿素合成不仅与光照强度（关乎植物光合作用）密切相关，也与矿质元素含量（如 N）相关，它的含量经常被作为评价植物的光合能力和营养状态的重要指标[31]。光合作用是植物合成有机物的重要生理过程，作物的干物质积累基本上都来自光合产物的积累。叶片中的氮来源于两部分，一是可溶性蛋白，二是类囊体蛋白，而类囊体蛋白通常与叶绿素结合形成色素蛋白复合体分布在类囊体膜上。因此，我们可以通过测定高粱叶片内叶绿素含量和氮素含量，来间接判断高粱叶片光合作用的强弱及有机物的积累量，也可评价其氮利用率[32,33]。

该试验表明：高压电场处理高粱种子后，各处理组高粱苗期叶片的叶绿素含量、氮含量均高于对照，大小顺序为 T_1（500kV/m×40min）$>T_2$（500kV/m×30min）$>T_3$（400kV/m×40min），表明适宜的高压电场处理高粱种子后，对于苗期叶片叶绿素含量、氮含量的提高均有一定的促进作用。

有研究表明，叶片的光合能力会随叶片氮含量的提高而增强，并对其机理作了解释，叶片氮含量的提高会导致可溶性蛋白的氮分配量增加，使叶片中 RuBisOC（核酮糖-1,5-二磷酸羧化酶）得以更新与周转，反过来这又会促进电子传递速率的增加；与此同时，叶片中的类胡萝卜素含量也会随叶片氮含量增大而提高，对叶绿素的保护能力增强，从而使叶片光合能力得到提高[33]。

2. 高压电场对高粱苗期叶片光合特性的影响

由于受到内外因素的影响，植物光合作用的强弱会明显不同。影响植物光合作用的内部因素主要表现为植物的种类、品种和生育期，叶片的叶龄和结构以及光合产物的积累。光合作用的强弱对植物的生长、产量和抗逆性都有着重要的影响。因此，在作物生产中，如何提高其光合效率显得特别重要[23]。

该试验研究结果表明，利用筛选出的三种电场优化条件处理高粱种子，其生长至苗期时叶片的净光合速率明显高于对照，可能是因为经高压电场处理的高粱种子，具备较高的种子活力，使其在田间苗壮生长成苗的潜力大，处理组叶片较对照更有利于光合作用的进行。从气孔导度、胞间 CO_2 浓度的日变化情况来看，经高压电场处理后的高粱苗期叶片的气孔开度在各时间段都要大于对照，相反胞间 CO_2 浓度都低于对照，说明这种气孔导度的自发调节也有利于其吸收外界 CO_2，进而更好地进行光合作用。植物蒸腾作用既受到外界因子的影响，也受植物体内部结构和生理状况的调节[34]，从蒸腾速率日变化情况来看，经高压电场处理的高粱种子其叶片的蒸腾速率基本上都高于对照，这与其气孔导度的变化情况相一致，有利于高粱生长过程中通过蒸腾作用降低叶片周围的温度，适应高光强条件，更好地进行光合作用；同时，蒸腾作用有助于促进气孔的开放和木质部汁液中物质的运输。因此，高压电场处理高粱种子使其苗期叶片的蒸腾速率增强，但要适时灌水防止蒸腾作用消耗水分引起的土壤水分亏缺。对净光合速率与气孔导度、蒸腾速率和胞间 CO_2 浓度相关性分析发现，高粱叶片的净光合速率日变化与气孔导度、蒸腾速率日变化呈显著正相关，与胞间 CO_2 浓度日变化呈显著负相关，这与前人报道一致[35]，也说明经高压电场处理后高粱苗期叶片光合作用的增强可能主要来自气孔导度对其的影响。

3. 高压电场对高粱苗期叶片可溶性蛋白含量的影响

高粱叶片中的可溶性蛋白是植物细胞质中参与渗透调节的重要有机溶质，是逆境条件下植物具有抗逆性的重要物质基础。该试验结果表明：高压电场处理高粱种子后，对高粱苗期叶片的可溶性蛋白含量的影响次序为 T_1（500kV/m×

40min）＞T_2（500kV/m×30min）＞T_3（400kV/m×40min），三个处理中，T_1处理效果最好，且处理间的差异达到极显著水平（$P<0.01$），表明不同的高压电场处理高粱种子后，可提高高粱苗期叶片的可溶性蛋白含量，从而提高高粱的抗逆性。

4. 高压电场对高粱苗期叶片脯氨酸含量的影响

脯氨酸是植物细胞质中的一种游离氨基酸，具有较高的水溶性。正常条件下植物体内的脯氨酸含量并不多，当受到干旱、高温、盐渍及病害等逆境胁迫时，会在植物体内大量积累脯氨酸以维持细胞内较高的渗透压，是植物体内产生的一种主要的渗透调节物质。该试验结果表明，不同的高压电场处理后对高粱叶片脯氨酸含量的影响次序与可溶性蛋白含量一致。表明适宜的高压电场处理高粱种子后，可通过提高高粱叶片的脯氨酸含量来调节细胞内的渗透势，维持细胞内水分平衡，还可保护细胞内许多重要代谢活动所需的酶类活性。

5. 高压电场对高粱苗期叶片过氧化物酶活性的影响

过氧化物酶（POD）广泛存在于植物体内，是活性较高的一种保护酶。该试验结果表明：高压电场处理高粱种子后，对高粱苗期叶片的过氧化氢酶（POD）活性的影响次序为 T_1（500kV/m×40min）＞T_2（500kV/m×30min）＞T_3（400kV/m×40min），三个处理中，T_1处理效果最好，且处理间的差异达到极显著水平，表明不同的高压电场处理高粱种子后，可提高高粱苗期叶片的过氧化氢酶活性，对保护高粱叶片膜系统有着很重要的作用。

6. 高压电场对高粱苗期叶片超氧化物歧化酶活性的影响

超氧化物歧化酶（SOD）是植物体内一种重要的抗氧化酶类，能防止植物受逆境胁迫产生活性氧从而引起膜脂过氧化。该试验结果表明：高压电场处理高粱种子后，对高粱苗期叶片的超氧化物歧化酶（SOD）活性的影响次序为 T_1（500kV/m×40min）＞T_2（500kV/m×30min）＞T_3（400kV/m×40min），三个处理中，T_1处理效果最好，且处理间的差异达到极显著水平，表明不同的高压电场处理高粱种子后，可提高高粱苗期叶片的超氧化物歧化酶（SOD）活性，对保护高粱叶片不受活性氧伤害起着很重要的作用。

（五）小结

本小节利用 T_1（500kV/m×40min）、T_2（500kV/m×30min）、T_3（400kV/m×

40min）三个电场处理条件和一个对照处理高粱种子后，播于田间，对高粱苗期叶片的叶绿素含量、氮含量、可溶蛋白含量、脯氨酸含量、过氧化氢酶活性、超氧化物歧化酶活性等生理生化指标进行测定，试验结果表明：三种处理条件下，各项生理生化指标均高于对照，且高压电场对其影响次序都为 T_1（500kV/m×40min）＞T_2（500kV/m×30min）＞T_3（400kV/m×40min），T_1处理效果最好。区组间除叶片叶绿素含量、氮含量及超氧化物歧化酶活性差异达显著水平外，其余各指标差异均不显著；各生理生化指标处理间差异均达到极显著水平。对高粱苗期叶片的光合特性分析表明，经高压电场处理后高粱苗期叶片的净光合速率、蒸腾速率、气孔导度在各时间段均比对照要高，顺序为 T_1＞T_2＞T_3＞CK，而胞间 CO_2 浓度均比对照要低，且净光合速率与蒸腾速率和气孔导度数值变化呈现正相关关系，与胞间 CO_2 浓度呈现负相关关系，说明经高压电场处理后气孔导度的增加可能是净光合速率增加的主要因素。

四、结论与研究展望

（一）结论与创新点

1. 高压电场处理高粱种子萌发条件优化筛选

该试验选用高粱品种晋杂 122 号，根据前期预试结果和有关高压电场处理作物种子的研究结果，确定高压电场处理高粱种子的条件范围为：电场强度范围 100～800kV/m，处理时间范围 5～60min。采用二因素（电场强度、处理时间）二次通用旋转组合设计，以电场强度（kV/m）和处理时间（min）为因变量，种子萌发指标为目标函数，构建数学模型。未经处理为对照，将电场处理后的高粱种子按照 GB/T 3543.4—1995 农作物种子检验规程发芽试验标准进行发芽试验，测定种子萌发时的发芽势、发芽率、芽长、根长、鲜重、发芽指数、活力指数等 7 项发芽指标。经方差分析和多重比较，发现高压电场处理高粱种子后，除 T_4（200kV/m×13min）、T_5（100kV/m×32min）、T_6（800kV/m×32min）的发芽率和 T_5（100kV/m×32min）鲜重略低于对照外，其余各处理的 7 项发芽指标均高于对照。

为简化分析过程，采用主成分分析将上述 7 项发芽指标简化成单个萌发发芽综合指标 Z。从综合指标 Z 可看出，T_{12}（450kV/m×32min）的处理效果最好，发芽势为 67.1%（比对照提高 20.68%），发芽率为 92.30%（比对照提高 3.94%），芽长为 6.97cm（比对照提高 14.83%），根长为 9.08cm（比对照提高 27.89%），发芽指数为 85.20（比对照提高 13.00%），活力指数为 15.55（比对照提高 25.91%）。

为筛选出高压电场处理高粱种子的优化条件，确定处理条件的最佳区间，促进高压电场技术在农业中的推广应用，在对 7 项发芽指标进行主成分分析基础上，利用二次通用旋转组合设计，对综合指标 Z 进行回归分析，构建数学模型。试验结果表明：不同高压电场处理条件对高粱种子发芽综合指标的影响均达到显著水平，回归方程与实际情况拟合性较好，能够很好地反映高粱种子发芽综合指标与电场强度和处理时间的关系；对模型的主因素效应解析表明，试验中的二因素对高粱种子发芽综合指标的影响效应顺序为电场强度＞处理时间，论证了高压电场对生物体的影响有临界效应，电场阈值是能否引起生物体生物学效应的关键，但电场作用时间也是一个很重要的因素，在选择电场处理最佳剂量（电场强度×时间）时也必须要考虑作用时间的长短；对模型的二因素耦合效应解析表明，电场强度和处理时间对高粱种子发芽综合指标的影响有阈值效应，造成阈值效应的原因是不同的高压电场剂量下，生物体会表现出促进、抑制或无应答的响应机制；同时，二因素耦合效应还表明，二因素对高粱种子发芽综合指标影响呈现显著（$P < 0.05$）的负交互效应，二者具有互相替代和互相消减的作用。经模型解析，确定高压电场处理条件的优化区间为电场强度 400～600kV/m，处理时间 20～55min，有利于进行后续的相关研究。

2. 高压电场对高粱种子萌发效应的影响

依据高压电场处理高粱种子条件的优化与筛选结果，采用完全随机设计，在优化区间内处理高粱种子，其中电场强度取 400kV/m、500kV/m、600kV/m，处理时间取 30min、40min、50min。测定高压电场处理后高粱种子的电导率、种子胚根突破种子 1cm 时的 α-淀粉酶活性、过氧化氢酶（CAT）活性、过氧化物酶（POD）活性、超氧化物歧化酶（SOD）活性、脯氨酸（Pro）含量、可溶性蛋白含量、内源激素赤霉素（GA）和脱落酸（ABA）含量等生理生化指标，探讨高压电场处理高粱种子可提高其种子活力的内在机理。

结果表明：高压电场处理高粱种子后，各处理的电导率均低于对照，其中 T_5（500kV/m×40min）下降的幅度最大，为 49.29%，处理效果最好，这表明不同处理使种子浸出液的电导率下降程度不同，但都有效地促进种子内膜系统的修复，保持膜功能的完善，提高种子活力。各处理的 α-淀粉酶活性均高于对照，但高压电场对其活性的影响有阈值效应，T_4（500kV/m×30min）、T_5（500kV/m×40min）提高的幅度最大，处理效果较好，这表明适宜的高压电场处理可有效地刺激高粱种子内部各种贮藏物质由休眠状态转变为活跃状态，激活种子内部代谢酶的活性，加快物质的分解、转运和利用，提高种子内部物质的新陈代谢。各处理对过氧化氢酶（CAT）活性表现出不同的处理效应，T_2（400kV/m×40min）、T_5（500kV/m×40min）、T_8（600kV/m×40min）高于对照，其它处理均低于对照，其中 T_8 提高的幅度最大，处理效果最好；各处理的过氧化物酶（POD）、超氧化物歧化酶（SOD）活性均高于对照，且高压电场对这两种酶的影响也有阈值效应，过氧化物酶 T_3 提高幅度最大，超氧化物歧化酶 T_4 提高的幅度最大，处理效果最好，这表明适宜的高压电场处理可有效地提高提高种子内三种保护酶活性，减少活性氧的积累，减轻膜脂过氧化，使膜结构和功能得到恢复，从而保证膜系统的完整性。各处理的脯氨酸（Pro）含量均高于对照，但高压电场对其影响有阈值效应，T_5（500kV/m×40min）提高的幅度最大，处理效果最好，这表明适宜的高压电场处理可有效地提高种子内脯氨酸（Pro）含量，脯氨酸（Pro）在植物体内是最重要和有效的有机渗透调节物质，具有保持原生质体与环境的渗透平衡和膜结构完整性的作用，有利于提高其抗逆性。各处理的可溶性蛋白含量均高于对照，但高压电场对其含量的影响有阈值效应，T_2（400kV/m×40min）提高的幅度最大，处理效果最好，这表明适宜的高压电场处理可有效地提高种子可溶性蛋白含量，加快种子内营养物质的转换效率和种子萌发过程中的代谢活动，促进种子的萌发。各处理的内源 GA 含量均高于对照，但高压电场对其含量的影响有阈值效应，T_5（500kV/m×40min）提高的幅度最大，处理效果最好，这表明适宜的高压电场处理可有效地提高种子内源 GA 含量，使贮藏在种子中的束缚态 GA 通过酶促水解反应转变成游离态 GA，促进种子的萌发。GA 在促进种子发育和调控种子发芽中起着十分重要的作用，它通过提高各种酶活性来加速体内物质的分解与合成，从而促进种胚的分化发育和种子萌发[23]。对内源 ABA 的影响是除 T_9 外，各处理中 ABA 含量均低于对照，但降低的幅度大小不一，T_4（500kV/m×30min）降低的幅度最大，为 35.91%，抑制效果最明显，ABA 可诱导发育种子的休眠，并抑制种胚的过早萌发和贮藏物质的过早水解转化，而适宜的高压电场处理可有效地降低种子内源 ABA 含量，这就成为高粱种子萌发的促进因子。

为揭示种子萌发期间，其内部引发的一系列生理生化反应过程，分析各生理指标间的依存关系，探讨其相关程度，对以上所测定的生理生化指标进行相关性分析。结果表明，除 CAT 外，其它生理生化指标间存在着显著相关性，且电导率、内源脱落酸（ABA）与其它指标间呈显著负相关关系；主成分分析中第一、第二主成分的累计贡献率达到 86.07%，基本反映了所有指标的相关信息；对第一、第二主成分分析结果的综合分析得出，生理指标对高粱种子萌发的得分排序为：$CK < T_9 < T_8 < T_7 < T_1 < T_6 < T_3 < T_2 < T_4 < T_5$，各处理的得分都高于对照，其中 T_5 各项生理指标对萌发活力贡献最大，T_4、T_2 仅次之。

3. 高压电场对高粱苗期生物学效应的影响

通过高压电场处理高粱种子测定其萌发期的各项生理指标，并进行相关性分析和主成分分析，确定出对各生理生化指标影响较大的三个处理 $500kV/m \times 40min$、$500kV/m \times 30min$、$400kV/m \times 40min$。在此基础上，采用完全随机区组设计利用三种电场处理条件处理高粱种子后，将其播种，出苗后 25 天测定主茎上功能叶的叶绿素含量、氮含量、光合特性、可溶性蛋白含量、过氧化氢酶活性、过氧化物酶（POD）活性、超氧化物歧化酶（SOD）活性、脯氨酸（Pro）含量等生理生化指标，结果表明：三个处理条件下，各生理生化指标的含量均高于对照，区组间除叶片叶绿素含量、氮含量及超氧化物歧化酶（SOD）活性差异达显著水平（$P < 0.05$）外，其余各指标差异均不显著；各生理生化指标处理间差异均达到极显著水平（$P < 0.01$），且高压处理条件对其影响次序与前文的各生理生化指标的相关性分析和主成分分析的结果一致，$500kV/m \times 40min$ 处理效果最好，这一结果表明高粱种子经适宜的高压电场处理后，促进种子萌发，幼苗生长，提高产量。

4. 创新之处

（1）利用高压电场处理高粱种子，研究该技术对高粱种子萌发活力的影响，并筛选出适宜处理高粱种子的优化条件。

（2）研究优化电场条件下，高粱种子萌发期内源激素含量对种子萌发活力的影响，探究了内源赤霉素和脱落酸在电场处理下的含量变化及其对萌发活力的调节作用。

（3）研究适宜电场处理条件对高粱种子萌发和苗期的生物学效应，探讨电场处理高粱种子后对其苗期的生长生理效应。

（二）存在问题与研究展望

1. 存在问题

该试验采用二次通用旋转设计和主成分分析相结合的方法，研究了高压电场对高粱种子萌发期及苗期的生理生化效应，通过测定各项生理生化指标，分析其结果，来解释生物效应的产生原因，并对其进行讨论。但未能从分子水平进行试验和论证，对其生物学效应的机理有待进一步深入研究，可将其作为下一步研究的重点。

2. 研究展望

物理农业技术是通过声、光、电、磁与核等物理因子与农业生产应用相结合的一项技术，该技术实现了生态效益、经济效益与社会效益的最大化，是未来农业发展的方向之一。高压电场作为物理农业研究的热门课题，在种子处理、果实保鲜等方面都取得了一定的成果，但由于高压静电场对生物体的影响效应较为复杂，既受到生物体自身因素的影响，也受到环境因素的综合影响，这也就限制了该技术在农业中的应用。随着研究手段的提高和多学科合作的加强，进一步了解其内在响应机制，必将推动该技术在农业领域大规模的实践和应用。

参考文献

[1] 李伟，陈冰嫣，于淼，等.国内外高粱生产和贸易概况及我国高粱生产面临的挑战与措施[J].现代农业科技，2020（11）：47-48.

[2] 邵艳军，山仑.高粱抗旱机理研究进展[J].中国农学通报，2004，20（3）：120-123.

[3] 刘慧，周向阳.国内外高粱贸易现状及发展趋势[J].农业展望，2016，12（8）：63-66+76.

[4] 刘贵锋.山西省旱地高粱发展回顾[J].山西农业科学，1998，26（增刊）：67-69.

[5] 中国农业年鉴编辑委员会.中国农业年鉴[M].北京：中国农业出版社，1981.

[6] 张俐，申勋业，杨方.高压静电场对生物效应影响的研究进展[J].东北农业大学学报，2000，31（3）：307-312.

[7] 张生红，胡晋.种子学[M].北京：科学出版社，2010.

[8] 薛亮，周春菊，雷杨莉.夏玉米交替灌溉施肥的水氮耦合效应研究[J].农业工程学，2008，24（3）：91-94.

[9] 张振球.静电生物效应[M].北京：万国学术出版社，1989.

[10] 梁运章.匀强静电处理作物种子的生物学效应初步探讨[J].1988年北京国际静电会议论文集：396.

[11] 王娟，胡小文，何学青，等.不同种子活力的萌发与出苗特性[J].草业科学，2011，28（6）：998-1002.

[12] Cramariuc R, Donescu V, Popa M, et al. The biological effect of the electrical field treatment on the potato seed: agronomic evaluation [J]. Journal of Electrostatics, 2005, 63 (6): 837-846.

［13］ 尹燕枰，董学会.种子学试验技术［M］.北京：中国农业出版社，2008.

［14］ 高俊凤.植物生理学实验指导［M］.北京：高等教育出版社，2006.

［15］ 宋松泉，程红焱，龙春林，等.种子生物学研究指南［M］.北京：科学出版社，2005.

［16］ 胡建芳，陈建中，姚延梼.用电导法对晋西北六种杨树的抗寒性研究［J］.山西农业大学（自然科学版），2011，31（5）：430-433.

［17］ 姚延梼.华北落叶松营养元素及酶活性与抗逆性研究［D］.北京：北京林业大学，2006.

［18］ 江福英，李延，翁伯琦.植物低温胁迫及其抗性生理［J］.福建农业学报，2002，17（3）：190-195.

［19］ 高俊凤.植物物理学实验指导［M］.北京：高等教育出版社，2006：217.

［20］ 刘辉.高压芒刺电场对大豆种子萌发及其活性的影响［D］.长春：东北师范大学，2006.

［21］ 王保义，徐润民，杨洁斌，等.瞬态电磁场或脉冲电磁场生物效应的机理研究［J］.电子学报，1997，25（3）：125-128.

［22］ 梁运章.静电研究与进展［M］.呼和浩特：内蒙古大学出版社，1992.

［23］ 潘瑞帜.植物生理学［M］.北京：高等教育出版社，2010：17-25.

［24］ 郭维生，杨性愉，杨体强，等.高压静电场对α-淀粉酶构象的影响［J］.内蒙古大学学报（自然科学版），2001（3）：349-351.

［25］ 高祥.高压芒刺正电场促进大豆种子萌发及提高其活性的实验研究［D］.长春：东北师范大学，2007.

［26］ 张丽萍，叶家明，张常钟.高压静电场对大麦种子萌发过程几种酶活性的影响［J］.东北师大学报（自然科学版），1987，19（2）：41-45.

［27］ 杨体强，高雄.电场处理油葵种子对其萌发水分胁迫敏感性的影响［J］.中国油料作物学报.2005，16（4）：765-769.

［28］ 陈信，康钰，何平，等.水稻种子强电场电离处理酶活性的影响［J］.第十三届中国科协年会第17分会场-城乡一体化与"三农"创新发展研讨会论文集（下），2011.

［29］ 邓鸿模，虞锦岚，周艾民，等.高压静电植物速成栽培技术的研究［J］.现代静电科学技术研究，1999，202-205.

［30］ 陈胜可.SPSS统计分析从入门到精髓（第二版）［M］.北京：清华大学出版社，2013.

［31］ Ghasemi M, Arzani K, Yadollahi A, et al. Estimate of Leaf Chlorophyll and Nitrogen Content in Asian Pear（Pyrus serotina Rehd.）by CCM-200［J］. Not Sci Biol, 2011, 3（1）：91-94.

［32］ 吕建林，李才明.甘蔗净光合速率、叶绿素和比叶重的季节变化及其关系［J］.福州：福建农业大学学报，1998（3）：285-290.

［33］ Evans J R. Photosynthesis and nitrogen relationships in leaves of C3 plants［J］. Oecologia, 1989, 78: 9-19.

［34］ Jones H G, Sutherland R A. Stomatal control of xylem embolism［J］. Plant Cell and Environment, 1991, 14: 607-612.

［35］ 刘元芝，张洪钧，徐侃，等.玉米杂交种及其亲本光合特性的比较研究［J］.玉米科学，2009，17（3）：71-75.

第三章
电场处理番茄种子应用研究

第一节　　番茄栽培和生产现状

一、番茄的起源和栽培历史

（一）番茄起源

番茄原产南美洲，在中国南北方广泛栽培种植。起源中心在南美洲的安第斯山地带的秘鲁、厄瓜多尔、玻利维亚等地，至今仍有大面积野生种番茄的分布。人们普遍认为栽培种番茄是由南美洲野生醋栗番茄（*Solanum pimpinell-ifolium*）驯化而来的，主要经历了两个阶段，第一个阶段发生在墨西哥（De Candille）和秘鲁（Nesbitt and Tanksley，2002）等中美地区，代表性品种为樱桃番茄（*Solanum lycopersicum var. cerasiforme*），果实大小比野生醋栗番茄大，但比大果型栽培番茄小。前人研究显示，大多数樱桃番茄与栽培番茄的亲缘关系要近于野生醋栗番茄，少部分樱桃番茄是栽培番茄与野生醋栗番茄的杂交后代；第二个阶段是在 16 世纪，哥伦布发现新大陆，欧洲等殖民者把番茄带到葡萄牙、西班牙等欧洲国家，栽培番茄得到了进一步的驯化，形成大果型栽培番茄品种，再从欧洲传到北美、亚非等世界各地。在番茄进化过程中果实大小发生了很大的变化，最大差异可达 100 倍以上。

（二）番茄栽培历史

番茄原产于南美洲的秘鲁、厄瓜多尔和玻利维亚。1523 年，番茄由墨西哥传到西班牙、葡萄牙，1550 年前后传到意大利，1575 年相继传到英国和中欧各国，当时作为观赏植物。18 世纪中叶始作食用栽培。1768 年米勒首次作出植物学描述，进行分类和定名。17世纪传入菲律宾，后传到其他亚洲国家。中国栽培的番茄从欧洲或东南亚传入。由于番茄果实有特殊味道，当时仅作观赏栽培。19世纪中后期，番茄生产急剧增加，几乎涉及全世界。17世纪末到18世纪初之间，番茄才引入中国。1949年以后，番茄生产才在中国迅速发展，成为最主要的果菜之一。现作为食用蔬果已被全球广泛种植[1]。

（三）番茄地理分布

我国地域辽阔，气候差异较大，自北向南跨有寒温带、温带、暖温带、亚热带和热带地区。因而番茄可以四季生产、周年供应，山东、新疆、内蒙古、河北、河南、云南、广西、宁夏等，是我国番茄种植的主产区。

二、国内番茄生产现状

番茄是三大世界性贸易蔬菜之一，在全球蔬菜贸易中占有重要地位。世界番茄生产区域主要集中在亚洲、欧洲和北美洲，其中亚洲为主要产区。2020年的全球产量为1.82亿吨，比20年前提高了80％。全球的番茄种植面积约为505.5万公顷。数据显示，中国番茄种植面积逐年上升，2020年中国番茄种植面积为110.4万公顷，同比上升1.56％。目前，我国是世界番茄产量最大的国家，2020年中国番茄产量为6515万吨，接近全球番茄产量的1/3。

随着世界科技技术的不断发展，世界番茄的生产水平在不断提高，但世界番茄生产水平存在很大的区别。各大洲的单产水平相差很大，北美洲的生产水平最高，而非洲的生产水平最低。发达国家的单产水平是发展中国家的2倍左右。

番茄是我国种植面积排名第四的蔬菜品种，番茄产业已成为我国蔬菜产业的重要组成部分，主要集中在山东、河北、河南、江苏、广东、云南等地。黄淮海、长江、西北、华南、东北（吉、黑）、西南是我国种植番茄的6大优势区域，山东、河北、河南三省番茄种植规模最大。据农业农村部蔬菜生产农情监测项目统计，2018年番茄栽培面积1663.7万亩，产量6483.2万吨；设施番茄面积963.7万亩，其中日光温室面积392.2万亩，大中棚500.3万亩，小棚71.2万亩；露地番茄面积700万亩。鲜食番茄产量稳居世界第一，加工番茄产量位居世界第二或者第三。

北方番茄种植以保护地为主，南方以露地为主，但随着对商品性的重视程度不断提高，目前南方保护地种植呈增长趋势。北方以口感沙绵、颜色粉靓的粉果为主，南方以质感坚硬、颜色鲜红的红果为主，番茄品种（大番茄）呈现"北粉南红"的特点。

粉果以保护地栽培为主，露地种植较少。粉果春季保护地种植面积约180万亩，主要分布于我国北方地区，种植广泛，其中保护地类型主要有早春日光温室、越夏拱棚，以及不多的越冬拱棚。早春日光温室种植粉果的产区主要有河北保定和廊坊、河南郑州、山东、辽宁丹东、陕西的陕北地区、宁夏、甘肃武威、新疆库尔勒等，一般于11月到翌年1月播种，4～5月集中上市。越夏拱棚种植粉果的产区有山西忻州、内蒙古赤峰、黑龙江、吉林延吉等地，播种期通常为3～5月，7～9月为上市期。越冬拱棚长季栽培粉果主要集中在浙江温州、台州等地，通过"长季栽培"技术，可将生育期延长到10～12个月，采收期达7个月。粉果秋季保护地种植面积在140万亩左右，也主要分布于北方地区，各县市几乎都有种植，其中主要有秋季保护地、早秋拱棚，及秋季播种的越冬保护地种植类型。秋季保护地种植粉果的区域较多，如新疆库尔勒、四川攀枝花、陕西的关中地区、山西大同、河北保定、辽宁鞍山、江苏连云港等，播种期一般在7～8月，10月即可上市；另外，山东聊城、内蒙古赤峰、宁夏银川、河南新乡、河北承德等地早秋拱棚栽培，其播种期略为提前至6月。越冬保护地种植粉果，大多在9～10月播种，11月中旬定植，至第二年5月份左右结束，代表产区有甘肃张掖、金昌，山东寿光，内蒙古通辽，辽宁锦州等。

我国红果露地种植主要集中在南方，总面积在50万亩左右。其上市期主要为两个阶段，分别为11月至翌年2月，以及7～9月。秋栽冬收茬口的主要产区有楚雄州元谋县、四川攀枝花、广西百色、广东惠州、福建福州等地。宁夏银川、湖北襄阳、宜昌等地则是为数不多越夏露地种植红果的产区，一般在7月份集中上市，持续至10月上旬前后，此时天气已转冷，甚至有霜。目前，宁夏番茄越夏露地种植以粉果为主，粉果与红果种植面积比例约为8∶2。红果春季保护地种植规模较小，总面积约25万亩，在我国分布区域较广，但面积相对集中于某些市县或乡镇。其消费市场也主要在南方，上市时间集中在7～9月，以及12月至翌年5月。早春日光温室种植红果的产区主要有甘肃金昌、山西吕梁、辽宁朝阳等；另外，越夏拱棚种植产区有山西阳泉、河北张家口市赤城县、内蒙古赤峰、黑龙江牡丹江、山东烟台、安徽淮北、云南曲靖等。内蒙古赤峰市越夏茬番茄栽培面积达10万亩，生产的番茄产量高，口感好，耐贮运，质量上乘。越冬拱棚种植红果的地区，主要分布在四川攀枝花米易县、浙江温州、福建宁德等地，这些地区的采收期与云南楚雄州元谋、广西百色等秋冬露地茬口有所重合。红果秋季保护地种植总面积近 20 万亩，市场规模相对较小，且分布区域较零散，其上市时间通常集中在 10 月至来年的 1 月份。秋季保护地种植红果的产区主要分布在北方，如新疆、甘肃张掖、山西运城、福建莆田、山东烟台等地，南方区域则主要在福建莆田等地；早秋保护地种植区域主要有云南楚雄、红河、宁夏银川、聊城莘县、辽宁葫芦岛等。

第二节　番茄的生长发育

一、番茄的生物学特性和用途

（一）番茄的生物学特性

番茄（学名：*Lycopersicon esculentum Mill.*），又称西红柿、洋柿子、番柿等，茄科番茄属，一年生或多年生草本植物，株高 0.6～2 米，全体生黏质腺毛，有强烈气味[2]。茎易倒伏。叶羽状复叶或羽状深裂，长 10～40 厘米，小叶极不规则，大小不等，常 5～9 枚，卵形或矩圆形，长 5～7 厘米，边缘有不规则锯齿或裂片。花序总梗长 2～5 厘米，常 3～7 朵花；花梗长 1～1.5 厘米；花萼辐状，裂片披针形，果时宿存；花冠辐状，直径约 2 厘米，黄色。浆果扁球状或近球状，肉质而多汁液，橘黄色或鲜红色，光滑；种子黄色。花果期夏秋季。

（二）番茄的分类

番茄属分为有色番茄亚种和绿色番茄亚种。前者果实成熟时有多种颜色，后者果实成熟时为绿色。番茄属由普通栽培种番茄及与栽培种番茄有密切关系的几个种组成，大体上又分为普通番茄和秘鲁番茄两个复合体种群。普通番茄群中包括普通番茄、细叶番茄、奇士曼尼番茄、小花番茄和奇美留斯凯番茄、多毛番茄；秘鲁番茄群中包括智利番茄和秘鲁番茄。栽培的番茄，属普通番茄，有 5 个变种：①栽培番茄，多数栽培品种均属此变种；②樱桃番茄，果实圆球形，果径约 2 厘米，2 室，红、橙或黄色；③大叶番茄，叶缘光滑，形似薯叶；④梨形番茄，果实梨形，红色或橙黄色；⑤直立番茄，茎直立，果实扁圆球形。栽培番茄的品种有三大系统：①意大利系统：果实卵形或椭圆形；适于干燥地区作无支架栽培和加工用；代表品种有罗城一号和罗马。②英国系统：果型小，深红色，低温短日照条件下结实性强；代表品种有创财和最佳。③美国系统：果实中型至大型，适应性强。

番茄品种繁多，主要栽培的品种有毛粉 802、渝抗 4 号、渝抗 5 号、秦粉二号、西粉二号、西粉三号、红宝石、超级早丰、早魁、强丰、台湾红、中蔬 4 号等。在品种选择上应注意作春提早或秋延晚栽培时，应选择早熟品种，正季栽培选择中晚熟品种。中国栽培的番茄品种来自北美或欧洲，经过多年的栽培和选育，已有一批适于中国气候和栽培要求的品种。

（三）番茄的用途

1. 食用价值

番茄果实色泽鲜艳，肉质纤细，柔软多汁，酸甜适口，具有特殊风味。可以生食、煮食，也可加工制成原汁、罐头、番茄酱、番茄粉和番茄干等多种制品。番茄含有丰富的营养，除富含维生素 A、维生素 C、维生素 B_1，维生素 B_2 和胡萝卜素以及 Ca、P、K、Mg、Fe、Zn、Cu、I 等多种元素，还含有蛋白质、糖类、有机酸、纤维素，既可作水果生食，又可烹调成鲜美菜肴，堪称菜中之果。据营养学家研究测定：每百克西红柿含糖 2.2g，尼克酸 0.6mg，维生素 C 11mg，胡萝卜素 0.31mg，钙 8mg，磷 37mg，铁 0.4mg，每人每天食用 50～100g 鲜番茄，就可满足人体对几种维生素和矿物质的需要。

2. 药用价值

番茄中含有果酸，有助于降低胆固醇的含量，对高血脂症有益处；番茄中含有维生素 P，有助于降低血液黏稠度，保护血管；番茄中含有番茄红素，对辅助降血脂和胆固醇有一定的作用。

番茄皮含有很高的膳食纤维，有助于改善肠内环境、排泄有毒物质等；番茄中含有苹果酸和柠檬酸，可帮助胃液对脂肪物质进行消化。番茄所含纤维质能使粪便中水分增多，还能转换成容易软便的物质，有助于通便。

二、生育周期

（一）发芽期

从播种到第一片真叶出现（破心）。在正常温度条件下这一时期为 7～10d。由于番茄种子小，贮存营养物质少，发芽后很快被利用，因此幼苗出土后需要保证营养供给。

（二）幼苗期

从第一片真叶出现至第一花序现蕾。此期适宜昼温为 25～28℃，夜温为 13～17℃。此期地温对幼苗生育有较大的影响，适宜的地温应保持在 22～23℃。幼苗期一般又可细分为两个阶段：从第一片真叶出现到幼苗具 2～3 片真叶为营养生长阶段，需 25～30d，在这一期间根系生长快，会形成大量侧根；然后进入花芽分化阶段，此时营养生长和生殖生长同时进行，番茄花芽分化早而快，并且有连续性，每 2～3d 分化一个花朵，每 10d 左右分化一个花序，第一花序分化未结束时即开始分化第二花序，第一花序现大蕾时，第三花序已分化完毕。花芽分化的早晚、质量和数量与环境条件有关，日温 20～25℃、夜温 15～17℃ 条件下，花芽分化节位低，小花多，质量好。

（三）始花坐果期

从第一花序现蕾至坐果。这个阶段是番茄从以营养生长为主过渡到生殖生长与营养生长同等发展的转折时期，直接关系到产品器官的形成及产量。此时期正处于大苗定植后的初期阶段，直接关系到早期产量的形成，开花前后对环境条件反应比较敏感，温度低于 15℃ 或高于 35℃ 都不利于花器官的正常发育，易导致落花落果或出现畸形果。

（四）结果期

从第一花序坐果到最后一穗果实采收结束（拉秧）。这一时期果、秧同时生长，解决好营养生长与生殖生长的矛盾，是这一时期的关键要务。无限生长型的番茄只要环境条件适宜，结果期可无限延长。此阶段既要防止营养生长过剩造成疯秧，又要防止生殖生长过旺而坠秧，调节秧果关系非常重要。一般可分为三个阶段：①坐果期：开花至花后 4～5d。子房受精后，果实膨大很慢，生长调节剂处理可缩短这一时期，直接进入膨大期。②果实膨大期：花后 4～5d 至 30d 左右，果实迅速膨大。③定个及转色期：花后 30d 至果实成熟，果实膨大速度减慢，花后 40～50d，果实开始着色，以后果实几乎不再膨大，主要进行果实内部物质的转化。

三、适宜番茄生长的外部环境

（一）温度

番茄是喜温性蔬菜，在正常条件下，同化作用最适温度为 $20\sim25℃$，根系生长最适土温为 $20\sim22℃$。提高土温不仅能促进根系发育，同时土壤中硝态氮含量显著增加，生长发育加速，产量增高。温度低于 $15℃$，植株生长缓慢，不易形成花芽，开花或授粉受精不良，甚至落花。温度低于 $10℃$，植株生长不良，长时间低于 $5℃$ 引起低温危害，$-2\sim-1℃$ 短时间可受冻死亡。温度达 $35℃$ 时，生理失调，叶片停止生长，花器发育受阻。

不同生育时期对温度的要求不同。发芽适温为 $28\sim30℃$；幼苗期适宜温度为日温 $20\sim25℃$，夜温 $15\sim17℃$；开花着果期适宜温度为日温 $20\sim30℃$，夜温 $15\sim20℃$；结果期适宜温度为日温 $25\sim28℃$，夜温 $16\sim20℃$。适宜地温 $20\sim22℃$。

（二）光照

番茄是喜光作物，光饱和点为 70000lx，番茄适宜光照强度为 $30000\sim50000$lx。番茄是短日照植物，在由营养生长转向生殖生长过程中基本要求短日照，但要求并不严格，有些品种在短日照下可提前现蕾开花，多数品种则在 $11\sim13$h 的日照下开花较早，植株生长健壮。温室栽培应保证 30000lx 以上光照强度，才能维持其正常的生长发育，光照不足常引起落花。强光一般不会造成危害，如果伴随高温干旱，则会引起卷叶、坐果率低或果面灼伤。

（三）水分

番茄属半耐旱作物，既需要较多的水分，但又不必经常大量灌溉，一般以土壤湿度 $60\%\sim80\%$、空气湿度 $45\%\sim50\%$ 为宜。空气湿度大，不仅阻碍正常授粉，而且在高温高湿条件下病害严重。

（四）土壤及营养

番茄对土壤条件要求不太严格，但为获得丰产，促进根系良好发育，应选用土层深厚、排水良好、富含有机质的肥沃壤土。土壤酸碱度以 pH $6\sim7$ 为宜，过酸或过碱的土壤应进行改良。番茄在生育过程中，需从土壤中吸收大量的营养物质，据艾捷里斯坦报道，每生产 5000kg 果实，需要从土壤中吸收氧化钾 33kg、氮 10kg、磷酸 5kg。

四、栽培季节和茬次安排

番茄栽培分为露地栽培和设施栽培。在露地栽培中，除育苗期外，整个生长期必须安排在无霜期内。根据其生长时期，又可分为露地春番茄和露地秋番茄。春番茄需在设施内育苗，晚霜后定植于露地；秋番茄一般在夏季育苗，为减轻病毒病的发生，苗期需遮阴避雨；南方部分地区利用高山、海滨等特殊的地形、地貌进行番茄的越夏栽培；北方无霜期较短的地区，夏季温度较低，多为一年一茬。

设施番茄栽培类型较多，各种类型的栽培季节和所利用的设施，因不同地区的气候条件和栽培习惯而异。南方多采用塑料大棚和小拱棚进行春早熟栽培，北方则多利用塑料大棚、日光温室进行提前、延后和越冬栽培。小拱棚主要进行春季早熟栽培，一般于当地断霜前 10～15d 定植；塑料大棚主要进行春茬、秋茬和全年茬栽培，春茬的适宜定植期为当地断霜前 30～50d，秋茬应在大棚内温度低于 0℃前 120d 以上时间播种。

番茄不宜连作，应与非茄科作物轮作，轮作年限至少 3 年。

第三节　番茄的栽培管理

一、温室冬春栽培管理技术

（一）品种选择

在选择番茄品种时，番茄果实形状、颜色等应符合销售地区的消费习惯，且选择结果期长、产量高、品质好、耐贮运的中晚熟品种。果实用于就近供应时，可根据市场的需求情况进行选择；果实用于长期贮藏或长途运输供应，应选择厚皮番茄品种。

（二）育苗技术要求

1. 播种育苗

种子处理：先将种子晒 1～2d，再用 55～60℃热水浸泡 10～15min，再用清水浸泡 4～5h。然后用 10％磷酸三钠浸种 30min 后，捞出种子淘洗干净，沥干水分，用干净湿纱布包好种子，置于 25～28℃下催芽。每天用清水淘洗种子 1～2 次，萌芽后播种。

播种：用足量水浇透苗床，待水下渗后，均匀撒播，每平方米苗床播种量 5g 左右，播后覆盖过筛细潮土约 0.5cm。栽培番茄每亩需用种子约 30g。

播后管理：种子下播后，在畦外设置小拱棚架，覆盖一层遮阳网或防虫网，雨天在遮阳网上盖一层防雨膜。出苗后，及时揭去床面覆盖物。1～2 叶时进行疏苗，疏除病苗和弱苗。幼苗具 3 片真叶前分苗，以免影响花芽分化。可采用营养钵移植或苗床移植。分苗后提高温度促进缓苗，日温控制在 25～28℃，夜温 18～20℃，地温 20℃左右。缓苗后通风降温，防止徒长，日温 22～25℃，夜温 13～15℃。苗期注意补水，并喷 0.2％的硫酸锌和 0.2％的磷酸二氢钾 2 次。此外，为防止幼苗徒长，在 2 叶时可喷洒 1 次矮壮素 500～1000 倍液。水分管理按照见干见湿的原则，不宜过分控制。整个苗期都应注意增强光照，当幼苗长至 4～5 月时，应及时疏散营养钵，扩大光合面积，防止相互遮光。定植前 1 周加大通风，日温降至 18～20℃，夜温降至 10℃左右，进行秧苗锻炼。通常当番茄幼苗日历苗龄达 70～80d，株高 25cm 左右，具 8～9 片叶，第一花序现大蕾时，即可定植。

2. 嫁接育苗

为防止青枯病等土传病害，克服温室番茄的连作障碍，也可采用嫁接育苗。生产中常用砧木主要为野生番茄品种，如 LS-89、BF 兴津 101、耐病新交 1 号等。嫁接方法可采用插接、劈接和靠接等。插接法嫁接，砧木要比接穗早播 7d 左右，待砧木具 4～5 片真叶，接穗具 2～3 片真叶时，用刀片横切砧木茎，去掉上部，再用光滑的竹签插入茎中，深度为 1.0～1.5cm，竹签暂不拔出；接穗保留上片 2～3 片真叶，用刀片切掉下部，把切口处削成楔形；然后将竹签迅速拔出，随即将接穗插入砧木中，再用嫁接夹固定。有条件的情况下，接穗可采用番茄母本植株腋芽，既能节约种子成本，又能提高嫁接成活率，还能提早结果上市期。

（三）定植

1. 整地

定植前一周翻地施基肥，每亩撒施优质农家肥 6 000～8 000kg，深翻 40cm，使粪土混合均匀，耙平。按行距 1.1m 开施肥沟，每亩再沟施农家肥

5 000kg，磷酸二铵 20kg，硫酸钾 15kg（或草木灰 100kg），再逐沟灌水造底墒。水渗下后在施肥沟上方做成 80cm 宽、15cm 高的小高畦。

2. 定植

定植时，在小高畦上，按行距 50cm 开两条定植沟，起苗前 1～2d 浇一次小水，起苗时要带土坨，尽量少伤根。按株距 30～38cm，将苗轻放于沟内。交错摆苗，浇定植水，水渗下后合垅。两行中间开浅沟，沟的深浅宽窄要一致，做膜下灌水的暗沟。定植完毕，用小木板把垄台刮光，再覆地膜。每亩可定植 3 700～4 000 株。徒长苗可采用卧栽法。嫁接苗宜浅栽，不宜深栽。整棚栽完后浇足定植水。

（四）田间管理

1. 培垄与覆盖地膜

缓苗后地皮不黏时，开始中耕并培成单行小垄。垄高 10～15cm。两小垄盖一幅 100cm 宽地膜，中间为一浅沟以便膜下灌溉。

2. 温光调节

定植后闭棚升温，高温高湿条件下促进缓苗。中午温度超过 30℃时可放下部分草苫遮光降温。缓苗后，日温降至 20～25℃，夜温降至 13～17℃，以控制营养生长，促进花芽的分化和发育。进入结果期宜采用"四段变温管理"，即上午见光后使温度迅速上升至 25～28℃，促进植株的光合作用；下午植株光合作用逐渐减弱，可将温度降至 20～25℃；前半夜为促进光合产物运输，应使温度保持在 15～20℃；后半夜温度应降到 10～12℃，尽量减少呼吸消耗。

冬春茬番茄生育期要经过较长时间的严寒冬季，日照时间短，光照弱，是植株生长和果实发育的主要限制因子，管理上可通过早揭晚盖草苫、经常清洁薄膜、在温室后墙张挂反光幕等措施来增加光照度和延长光照时间。进入结果期后，随着果实的采收，及时打掉下部的病叶、老叶、黄叶，改善植株下部的通风透光条件，减轻病害的发生。

3. 水肥管理

冬春茬番茄前期放风量小，底墒充足，且在地膜覆盖条件下，耗水少，第一穗果膨大期一般不浇水。灌水会造成地温下降，空气湿度增大，易诱发病害。如果土壤水分不足，可选择坏天气刚过的晴暖天气，于上午浇一次水，水量不宜太大，且从膜下暗沟灌水。冬春茬番茄栽培，施基肥较多，第一穗果采收前可不追肥。缓苗后每周喷施 1 次叶面肥效果较好，可选用 0.2%～0.3% 的磷酸二氢钾溶液。第二穗果长至核桃大小时，结合灌水进行第一次追肥，每亩追施磷酸二铵 15kg、硫酸钾 10kg 或三元复合肥 25kg。先将化肥在盆内溶解，随水流入沟内。以后气温升高，放风量增大，逐渐加大灌水量。一般 1 周左右灌 1 次水。并且要明暗沟交替进行。结合灌水，在第四穗果、第六穗果膨大时分别追 1 次肥。叶面追肥继续进行。结果期可增施 CO_2 气肥。

4. 整枝

番茄植株长到一定高度不能直立生长，需及时吊绳缠蔓。在每行番茄上方南北向拉一条铁丝，每株番茄用一根尼龙绳，上端系在铁丝上，下端系一根 10cm 左右的小竹棍插入土中。随着植株的生长，及时将主茎缠到尼龙绳上。温室冬春番茄的整枝方式主要有以下几种：

① 单干整枝：保留主干结果，其他侧枝及早疏除。该式用苗多，单株产量有限，但适于密植，前期产量高，总产也较高，适于早熟栽培。为增加单株结果数，也可保留果穗下的一个侧枝，结一穗果摘心，成为改良单干整枝。

② 多穗单干整枝：每株留 8～9 穗果，2～3 穗成熟后，上部 8～9 穗已开花，即可摘心。摘心时，花序前留 2 片叶，打杈去老叶，减少养分消耗。为降低植株高度，生长期间可喷布两次矮壮素。

③ 连续换头整枝：主要有以下三种做法，第一种是在主干上保留 3 穗果摘心，留其下强壮侧枝代替主干，再留 3 穗果摘心，共保留 6 穗果。第二种是进行两次换头，共留 9 穗果，方法与第一种基本相同。第三种是连续摘心换头，当主干第二花序开花后留 2 片叶摘心，留下紧靠第一花序下面的一个侧枝作主干。第一侧枝结 2 穗果后同样摘心，共摘心 5 次，留 5 个结果枝，结 10 穗果，每次摘心后都要扭枝，使果枝向外张开 80°～90°，以后随着果实膨大，重量增加，结果枝逐渐下垂，每个果枝番茄采收后，都要把枝条剪掉。该法通过换头和扭枝，降低植株高度，有利于养分运输，但扭枝后植株开张度增大，需减小栽培密度，靠单株果穗多、果个大提高产量。

5. 保花保果

冬春茬番茄花期难免遇低温、弱光、雨雪天气，授粉受精不良，导致落花落果，对其早熟性和丰产性影响较大。目前，普遍应用 2,4-D 和番茄灵（PC-PA，防落素）处理，进行保花保果。2,4-D 使用浓度为 10～15mg/kg。每千克药液中加入 1g 速克灵或扑海因兼防灰霉病，并加入少许广告色作标记，以防重蘸、漏蘸。一般用毛笔蘸药涂抹花柄。番茄灵用于喷花，使用浓度为

30～50mg/kg。

6. 疏花疏果

为减少营养的无谓消耗，保证预留花都坐果，并使果实整齐一致，每个果都形正个大，获得高产，提高商品质量，还应适时疏除发育畸形和多余的花、果。大果型品种每穗留果 3～4 个，中型留 4～5 个。疏花疏果分两次进行，每一穗花大部分开放时，疏掉畸形花和开放较晚的小花；果实坐住后，再把发育不整齐、形状不标准的果疏掉。

7. 再生措施

夏季高温（6 月）来临时，在距地面 10～15cm 处，平口剪去番茄老株。宜选择阴天或者下午气温较低时进行，以免剪口抽干。剪枝后及时浇水，水不要漫过剪口。一周后老株上长出 3～5 个侧枝。选留紧靠下部，长势健壮的一个侧枝作为结果枝。

（五）采收与催熟

番茄是以成熟果实为产品的蔬菜，果实成熟分为绿熟期、转色期、成熟期和完熟期四个时期。

① 绿熟期：果实已充分长大，顶部发白，整个果实由绿转为白绿色。

② 转色期：果实顶部由白开始变色，直到 1/3 果面变色时止。此期果实坚硬，耐运输，可食用，但风味较差。

③ 成熟期：果实由 1/3 果面变色到整个果面变色时止。此期果实仍有较大硬度，并呈现出本品种应有的色泽，食用风味最佳。

④ 完熟期：果面全部变色后，色度逐渐加深，果实逐渐变软。此期含糖量增高，含酸量减少。此期种子成熟饱满。

番茄果实的采收时期，因采收目的不同而异。用于长期贮存或长途贩运的果实宜在绿熟期采收；用于短期贮存和短距离贩运的果实宜在变色期采收；就地销售的果实宜在成熟期采收；用于加工和留种的果实宜在完熟期采收。采收时间以在傍晚无露水时来收为宜，此时果实的体温较低，便于存放，而且果实的鲜艳度较中午前后采收的好。多为单果采摘。樱桃番茄结果数多，同一花序上的果实成熟期不一致，可单果分批采收，也可成串采收。

对未着色的果实进行人工催熟，可提早转色，及早上市。目前各地广泛采用乙烯利催熟，方法有以下三种。涂果法：用 500～1 000mg/kg 乙烯利药液涂抹植株上的绿熟期果实，可提早成熟 6～7d。涂果法处理的果实色泽品质均较好，但费工费药，处理时如气温过低则效果差，气温过高则叶片发黄。浸果法：将绿熟期的果实采下后，用 2 000～3 000mg/kg 的乙烯利药液浸一下，然后堆放 4～5 层，置温暖处（22～25℃）经 3～5d 即可着色，一周后可达食用的红色程度，比自然成熟早 5～7d。涂果柄法：用 1 份乙烯利加水 3～4 份，涂抹植株上绿熟期果实的果柄，可提早成熟 6～7d。此法在塑料大棚春夏栽培及露地栽培应用效果良好，但在日光温室冬春栽培，因结果期温度低，应慎用，以免发生落果。目前，在无公害番茄生产中，为减少激素类化学物质的残留，提高果实的品质，不应采用生长调节剂进行催熟处理。

二、塑料大棚栽培技术

塑料大棚秋延后番茄生产，气温由高逐渐降低，直至秋末冬初，棚内出现霜冻而终止采收，部分绿熟果实经过贮藏，还可再延长供应期约一个半月。

（一）品种选择

根据秋番茄生长期的气候条件，应选择既耐热又耐低温，抗病毒病、丰产、耐贮的中晚熟品种。如毛粉 802、L402、双抗 2 号、佳红、强丰、中杂 4 号、中蔬 4 号、中蔬 5 号等。

（二）播种育苗

大棚秋番茄播期应根据当地早霜来临时间确定，一般单层塑料薄膜覆盖棚以霜前 110d 为播种适期。为防病毒病的发生，播前可将种子用 10％的磷酸三钠溶液浸泡 20min。苗床应设在地势高燥的地方，四周搭起 1m 高的小棚架，上覆旧塑料薄膜和遮阳网，起到避雨、遮光和降温作用。苗床周围要求通风良好，防止夜温过高，引起幼苗徒长。为防止伤根，需采用营养钵护根育苗，2 片子叶展开后及时分苗。苗期水分管理始终保持见干见湿，满足幼苗对水分的要求，不要过分控水，否则易引起病毒病发生。为防止徒长，可在幼苗 2～3 片真叶展形时，喷施 1 000mg/L 的矮壮素 1～2 次。蚜虫是传播病毒病的主要媒介，秋番茄的育苗床周围可挂银灰色塑料条，驱避蚜虫，发现少数有蚜虫危害的植株应及时拔除深埋，同时根据蚜虫发生情况，定期喷药防治。秋番茄日历苗龄 20～25d，具 4 片叶，株高 15～20cm 时即可定植。

（三）定植

定植前 15d 左右扣棚提高地温。每亩施充分腐熟的优质粪肥 5m³、过磷酸钙 50kg。深翻、耙平后，整成宽 1～1.2cm 的低畦。畦内按行距 50～60cm 开好两个定植沟，沟深 15cm。当棚内 10cm 地温稳定在 10℃ 以上时定植。早熟品种株距 25cm，每亩栽 5 000 株左右；中熟品种株距 33cm，每亩栽植 4 000 株左右。整棚栽完后浇定植水，以润透土坨为度。

（四）田间管理

1. 温光调节

栽培前期尽量加强通风，防止温度过高，如白天温度高于 28℃ 再向膜上甩泥浆。雨天盖严棚膜，防雨淋。进入 9 月份以后，随着外界温度降低，应逐渐减少通风量和通风时间，同时撤掉棚顶的遮阴覆盖物，并把棚膜冲洗干净。10 月份以后，关闭风口，注意保温。定植后立即闭棚增温，白天 28～32℃，夜间棚温维持在 15～18℃。缓苗后晴天上午 25～28℃，超过 28℃ 开始扒缝放风，保持棚内提高温度不超过 30℃，下午棚温控制在 20～25℃，低于 20℃ 时关风口，夜温 10～15℃。开花结果后，随着外界气温不断升高，逐渐加大通风量，延长通风时间，保持棚内白天 25～28℃，夜间 10～15℃。

2. 水肥管理

定植水浇足后，及时中耕松土，不旱不浇水，进行蹲苗。第一穗果达核桃大小时，每亩随水冲施磷酸二铵 15kg，硫酸钾 10kg，同时叶面喷施 0.3% 磷酸二氢钾。以后根据植株长势进行追肥灌水，15d 左右追 1 次肥，数量参照第一次。前期浇水可在傍晚时进行，有利于加大昼夜温差，防止植株徒长。

3. 植株调整

发现植株有徒长现象时，可喷施 1 000mg/L 的矮壮素，7d 左右喷 1 次，可有效地控制茎叶徒长。

① 搭架绑蔓：秋番茄前期生长速度快，在浇过缓苗水后需及时搭架绑蔓，常用人字架，也可用四角锥形架。插架后随即绑蔓，第一道蔓绑在第一穗果下面的第一片叶下部，以上各层都如此。绑蔓时要把花序移到架材外侧；绑蔓要松紧适度。

② 整枝：大棚秋番茄多采用单干整枝，及时摘除老、黄、病叶。即主干上留

3 穗果，其余侧枝摘除，第三穗果开花后，花序前留 2 片叶摘心。生长过程中发现病毒病、晚疫病植株应及时拔除，用肥皂水洗手后再进行整枝打杈等田间作业。

4. 保花保果和疏花疏果

可用 15～20mg/kg 的 2,4-D 蘸花或用 30～50mg/kg 的番茄灵（PCPA）喷花。大棚秋番茄的保花保果和疏花疏果方法同温室冬春茬。

5. 果实的采收和贮藏

大棚秋番茄果实成熟后需及时采收上市，在棚内出现霜冻前一般只能采收成熟果 50% 左右，未成熟的果实在出现冻害前一次采收完毕。未熟果用纸箱装起来，置于 10～13℃，空气相对湿度 70%～80% 条件下贮藏，5～7d 翻动一次，挑选红果上市。

三、番茄露地栽培管理技术要点

（一）培育适龄壮苗

苗龄 60～70d，株高 25cm 左右，具有 7～8 片真叶，第一花序显现大蕾，茎粗 0.7～0.8cm 时定植。

（二）施肥整地

每亩施充分腐熟的优质粪肥 3m³ 以上，其中一半铺施后深翻，余下的一半掺入 50kg 过磷酸钙或 25kg 复合肥集中施。做成宽垄，垄宽 70cm，沟宽 30～50cm，垄高 10～12cm，起垄后覆盖地膜。

（三）定植

当地终霜过后、10cm 地温稳定在 10℃ 以上时定植。在宽垄的两个肩部破膜、交错开穴，穴深 10～13cm。穴内灌足清水，待水渗下后，将带土坨幼苗轻放于沟内，覆土封穴。早熟品种株距 25～30cm，中晚熟品种株距 30～33cm。

（四）田间管理

定植后将垄沟放满水，缓苗后浇缓苗水，之后到坐果前整水蹲苗。若蹲苗期间遇到天气干旱或水未浇透时，可在第一花序开放前再浇一次催花水，水后继续蹲苗。当有 50％左右植株第一穗果长有核桃大小时结束蹲苗，浇水后追攻秧攻果肥，每亩施入 1 000kg 粪稀或复合肥 15kg 并尿素 10～15kg。进入结果盛期后，要经常保持地表见湿见干。攻秧攻果肥追后，每隔 10～15d 每亩追施一次复合肥 15～20kg 并尿素 10～15kg，并用 0.2％磷酸二氢钾叶面喷施 2～3 次。浇过缓苗水后，当植株高 25～30cm 时需及时搭架绑蔓，常用人字架和三角锥形架或四角锥形架。插架后随即绑蔓。早期可用 15～20mg/kg 的 2,4-D 蘸花或用 30～50mg/kg 的番茄灵（PCPA）喷花。

第四节　不同电场处理对番茄生长发育效应的研究

一、电场处理番茄生物效应研究概况

随着电场技术在近几十年来的大量研究和发展，以番茄作为高压静电场处理和研究对象的实验和应用也在大力开展。

（一）利用电场处理使番茄保鲜和易于贮藏

张全国用高压静电场预处理番茄后，研究对其保鲜效果的影响，结果表明，番茄在电场 150kV/m＋45min 下处理后，有效延长了其保鲜时间，在自然条件下其呼吸高峰推迟 4d 后出现，且能有效保持较高的表面抗压强度和较低的失重率[3]。王愈等在 200kV/m＋2h/d 负高压间歇静电场（简称稳恒电场）和－200～200kV/m＋2h 频率 40kHz（简称交变电场）两种不同电场处理条件下，研究绿熟番茄的贮藏品质，结果表明，高压静电场处理果实腐烂指数显著优于交变电场处理，但两种处理均能延缓果实硬度、可溶性糖、果皮叶绿素含量下降及可滴定酸、红素含量的上升，从而延缓果实衰老，提高果实的贮藏性[4]。王愈等对静电场处理下，贮藏番茄的生理生化及品质变化进行研究，结果表明，适宜贮藏的最佳静电处理条件为－200kV/m＋2h/d，在此处理条件下，绿熟番茄呼吸跃变推迟 6d，显著延缓其果实由硬变软、由绿转红的时间，且通过对各项指标的分析可得出，果实的细胞膜透性受静电场处理调控[5]。

（二）利用电场技术选种，促进番茄种子发芽、苗期生长和增产

迟燕平等研究了高压电场对番茄种子萌发的生物学效应，结果表明，影响

种子萌发的因素依次是种子干湿情况、场强及作用时间，当电场强度处理条件为 8kV/cm＋180s，作用对象为湿种子时，种子中的 CAT、POD、SOD 的活性明显增强[6]。王斌等研究静电场处理与茄子种发芽的关系，结果表明，电场强度大小及处理时间长短与种子发芽间存在着显著的相关性[7]。蔡兴旺等分析了经过高压静电场选种的茄子种发芽指标及幼苗期的形态指标，得出结论：适宜的高压静电场处理（该试验所确定的最佳处理：600kV/m＋12min）能显著提高种子的发芽势、发芽率和活力指数，但对形态指标会产生不同影响；并从酶活性和电解质外渗率的角度分析了造成种子发芽和生长变化的原因[8]。蔡兴旺等对珍珠番茄进行高压静电场选种和处理，并在考虑电场强度和处理时间相关性的基础上，采用二元二次回归模型，得出了出苗率、产量、SOD 等指标的回归方程；与对照相比，最佳电场处理的番茄出苗率明显提高，出苗期缩短，SOD 和 CAT 活性上升，且促进了幼苗生长，提高了蔬菜产量[9]。

（三）利用电场技术开展杀菌方面的研究

金声琅等利用高压电场对番茄汁进行非热杀菌试验，结果表明，在控制条件下，可使番茄汁中接种的大肠杆菌数量降低 6 个对数以上，且通过对可溶性固形物、果胶、还原糖、抗坏血酸、番茄红素的指标分析来看，番茄汁的品质不会受到高压电场杀菌处理的影响[10]。阎立等在用高压静电场处理番茄等种子时，发现电晕电场产生的臭氧起到了对种子杀菌消毒的作用，与此同时，处理后的种子的发芽势、出苗率有所提高，且幼苗长势和抗病能力都表现出增强效果，最后的果实产量增加了 5%～20%[11]。

此外，电场技术还被用作番茄其它方面的研究。金声琅采用高压电场技术辅助提取番茄皮渣中的番茄红素，提取率高达 96.7%，且处理时间短[12]。

（四）研究展望

高压静电场对生物的影响已经得到了证实，但由于高压静电场对生物体的影响效应较为复杂，既受生物体自身因素影响，也受到环境因素的综合影响，只有从机理和分子结构角度分析，才有可能找到其变化规律。近年来，高压静电场技术在番茄产研发领域得到了一定的开展和应用，也取得了较好的经济效益和社会效益。但高压静电场规模处理番茄尚处于实验阶段，不同生长阶段如种子萌发期、苗期、成熟期等处理时机的选择，最佳处理条件的筛选，尚没有形成统一的结论，高压静电场处理后，对番茄体内生物效应的触发响应机制等，这些都将是下一阶段的研究重点。

二、高压电场处理番茄种子优化条件筛选

2013年1月至3月，在运城农业职业技术学院组培试验室进行种子萌发试验。萌发试验采用二次通用旋转组合设计，在电场强度为50～600kV/m、处理时间为5～20min范围内处理番茄种子。试验结果见表3.1，从表3.1可看出，与对照相比，各发芽指标除处理T_4和T_5变化较小外，其它处理与对照间的差异均达到显著水平（$P<0.05$）。为避免不同发芽指标信息重叠造成对番茄萌发活力分析统计上的困难，该研究利用主成分分析把7项发芽指标简化成发芽综合指标Z。对发芽综合指标Z进行回归分析后，得到电场强度和处理时间对发芽综合指标Z的数学模型：

$$Y=2.5640+0.9097X_1+0.6152X_2-2.5958X_1^2-$$
$$1.1733X_2^2-1.0125X_1X_2 \tag{3-1}$$

表3.1 二因素二次通用旋转组合试验设计及结果

编号	X_1	X_2	发芽势/%	发芽率/%	芽长/cm	根长/cm	鲜重/mg	发芽指数	活力指数
CK	—	—	62.3	78	4.15	7.17	21.8	63.3	1380
T_1	1	1	65.3	78.7	4.47	8.89	28.4	67.5	1917
T_2	1	−1	66.7	80.3	4.52	8.94	29.0	68.1	1975
T_3	−1	1	65.7	81.7	4.46	8.82	28.2	66.7	1881
T_4	−1	−1	61.7	77.7	4.29	8.15	22.6	63.5	1435
T_5	−1.414	0	63	76.7	4.28	8.15	21.8	63.3	1419
T_6	1.414	0	63.3	78.7	4.3	8.29	26.6	65.8	1750
T_7	0	−1.414	63.7	79	4.35	8.35	26.6	67.5	1796
T_8	0	1.414	66.7	81.3	4.68	9.22	32.8	74.3	2437
T_9	0	0	65.3	81.3	4.98	10.49	36.6	73.5	2690
T_{10}	0	0	65.3	81.7	5.01	10.51	35.8	75.1	2689
T_{11}	0	0	66.3	82	4.97	9.58	34.8	74.9	2607
T_{12}	0	0	65.3	81.8	4.61	9.05	35.2	74.7	2629
T_{13}	0	0	66.7	81.3	4.66	9.16	34.9	74	2583

对数学模型（3-1）进行解析，当Y达最大值时，电场强度为351kV/m（编码值为0.1355），处理时间为14min（编码值为0.2037）。经验证，在此条件下，发芽势67.1%，发芽率81.3%，芽长5cm，根长10.53cm，鲜重

35.5mg，发芽指数 74.8，活力指数 2655，分别比对照提高 7.7%、4.2%、20.5%、46.9%、62.8%、18.2%、92.4%；综合发芽指标 Y 值为 2.76，与优化方案理论 Y 值 2.69 相比，相对误差仅为 2.60%，进一步说明了模型的合理性。对模型的主因素效应解析表明：二因素对番茄种子发芽综合指标的影响效应顺序为电场强度＞处理时间，且电场强度和处理时间对其影响都有临界效应；耦合效应解析表明，电场强度和处理时间对番茄种子发芽综合指标的影响有阈值效应，造成阈值效应的原因是不同的高压电场剂量下，生物体会表现出促进、抑制或无应答的响应机制；二因素对番茄种子发芽综合指标影响呈现显著（$P < 0.05$）的负交互效应，二者具有互相替代和互相消减的作用。经模型解析，能够满足番茄种子发芽综合指标≥0.24 的优化方案为：电场强度 295～432kV/m，处理时间 10～17min（见表 3.2）。

表 3.2　番茄种子发芽综合指标的处理条件优化方案

项目	因素	平均值	标准误	95%置信区间	对应处理条件
发芽综	X_1	0.2000	0.1790	−0.151～0.551	295～432
合指标	X_2	0.2830	0.3790	−0.461～1.027	10～17

三、高压电场处理对种子萌发活力的影响及机理研究

为了揭示高压电场影响种子萌发活力的内在机理，在优化方案筛选基础上，采用完全随机试验研究高压电场优化条件对种子萌发活力的影响。选取电场强度分别为 300kV/m、350kV/m、400kV/m，处理时间分别为 10min、15min，作为电场处理条件，共 6 个处理，每个处理 3 次重复，进行发芽试验，待种子胚根突破种皮 1cm 时，每处理称取 0.2g，液氮速冻后置于−80℃冰箱冷藏备用，试验方案见表 3.3。

表 3.3　高压电场处理番茄种子萌发期生理生化指标检测试验方案

处理编号	CK	T_1	T_2	T_3	T_4	T_5	T_6
电场强度/(kV/m)	0	300	300	350	350	400	400
处理时间/min	0	10	15	10	15	10	15

生理生化指标测定试验结果见表 3.4。生理生化指标测定结果表明：高压电场处理番茄种子能减轻膜系统的损伤程度，提高保护酶系活性和 α-淀粉酶活性，增加可溶性蛋白含量。相关性分析表明：各生理指标间呈显著相关性，

除丙二醛与其它指标间呈显著负相关关系外（$P<0.05$），其它各指标间呈显著正相关关系（$P<0.05$）；主成分分析结果表明：提取的第一主成分贡献率达到 90.81%，基本反映了所有指标的相关信息；萌发生理综合指标各处理的得分都高于对照，其中 T_4 各项生理指标对萌发活力贡献最大，其次为 T_2、T_5，把 T_4、T_2、T_5 三个高压电场处理条件选作后期大田试验的优化电场处理条件。

表 3.4　高压电场对番茄种子萌发期生理指标影响的试验结果

试验号	可溶性蛋白 /(mg/g)	丙二醛含量 /(mmol/g)	SOD 活性 /(U/g)	POD 活性 /[U/(g·min)]	α-淀粉酶活性 /[mg/(g·min)]	萌发生理综合指标
CK	10.78	3.44	44	600	2.39	−2.73
T_1	11.09	3.43	48	610	2.91	−1.78
T_2	12.82	2.91	84	724	3.43	1.89
T_3	11.21	2.99	72	664	2.99	−0.19
T_4	12.87	2.39	90	838	3.44	3.33
T_5	12.01	2.98	78	671	3.21	0.68
T_6	11.15	3.21	54	620	2.98	−1.19

四、高压电场处理下番茄苗期生长和光合特性研究

以种子萌发试验为基础，选用对萌发活力影响最优的三个电场处理条件，对番茄种子进行电场处理，进一步从苗期的生理生化变化角度探讨高压电场对番茄种子影响的后续效应。

2013 年 4 月，将优化电场处理后的番茄种子在山西棉花研究所南花农场进行播种育苗，出苗后 25 天左右进行移裁，移栽后 20 天取样测定番茄苗期的生理生化指标，并使用 S-5100 型便携式光合测定仪测定苗期的光合特性。

苗期生理生化试验结果见表 3.5。从表 3.5 可看出，优化电场处理后苗期叶片的叶绿素、氮素、可溶性蛋白（SP）、可溶性总糖含量及超氧化物歧化酶（SOD）、过氧化物酶（POD）的酶活性均高于对照，丙二醛（MDA）含量均低于对照，T_1 效果明显，其影响顺序依次为 $T_1>T_2>T_3$。对番茄苗期叶片光合特性进行分析，结果表明：高压电场处理后的高粱苗期叶片在各时段内的净光合速率（Pn）、蒸腾速率（Tr）、气孔导度（Gs）均高于对照，而胞间 CO_2 浓度（Ci）均低于对照。净光合速率与蒸腾速率和气孔导度数值变化呈现正相关关系，与胞间 CO_2 浓度呈现负相关关系，这说明经高压电场处理后

气孔导度的增加可能是提高净光合速率的重要原因。

表 3.5　高压电场对番茄苗期生理指标影响的试验结果

试验号	叶绿素含量 /(mg/g)	氮素含量 /(mg/g)	可溶蛋白含量 SP /(mg/g)	丙二醛含量 MDA /(mmol/g)	可溶性总糖含量 SS /(mg/g)	POD 活性 /(U/g)	SOD 活性 /(U/g)
CK	61.72	4.14	5.36	5.84	66.86	520.00	20.49
T_1	65.82	4.54	8.26	6.09	110.69	960.00	41.59
T_2	65.24	4.5	7.91	6.21	97.06	680.00	70.03
T_3	63.4	4.28	7.65	7.02	108.61	820.00	21.71

五、不同场强处理下番茄物候期生长观察

优化电场条件处理番茄种子后，处理与对照物候期比较见表 3.6。从表 3.6 可看出，番茄种子经适宜的电场处理后，4 月 30 日左右出苗，5 月 16 日在育苗盘进行定苗，5 月 25 日进行移苗，5 月 29 日至 6 月 5 日左右进入开花期进行搭架，6 月 4 日至 12 日左右开始结果，7 月 10 日至 20 日颜色转红，进入成熟期。物候期观察记载结果表明，番茄进入成熟期处理与对照相比，提前 5～10 天。其主要原因一是种子经电场处理后，获得了电场能量，使种子内形成高能量激发分子，种子内的水分离解，基本营养物质迅速溶解；另外作为电介质的植物种子受到电场作用的极化，蛋白质长链结构被破坏，发生分散、凝聚，有利于胚芽的吸收和利用。经静电场处理后的种子，酶蛋白的分子结构、生物膜的结构和功能状态改变，导致淀粉酶、过氧化物酶、超氧化物歧化酶活力均显著提高。淀粉酶活性的提高表示糖酵解效率增强；过氧化物酶、超氧化物歧化酶则与抗病力、消除自由基密切相关。种子活化能及酶活性的提高意味着生物体内新陈代谢能力的增强，活力提高。二是减少种子有机物的流失，静电场处理后的种子，其浸泡液有机物大分子的含量显著降低。生物体内细胞不完善，损伤或变性都可导致膜透性增大，矿质离子外渗增加，电导率增大。静电场处理种子可通过电荷及能量作用使膜分子构象、排列方式与状态发生变化，有的膜相变提前，有利于膜功能恢复和膜损伤部分的修复，从而减少有机物大分子的流失。由此可看出，番茄种子经高压电场处理后，提高了种子萌发活力，促使番茄提早出苗，苗期提高了叶片的光合特性，利于有机物的积累，为后期的番茄生长奠定了物质基础，使其提早成熟。

表 3.6　高压电场处理番茄种子后物候期生长观察记录表

试验号	播种日期	出苗日期	移栽日期	开花日期	结果日期	成熟日期
CK	4.25	5.3	5.25	6.5	6.12	7.20
T_1	4.25	4.30	5.25	5.29	6.4	7.10
T_2	4.25	4.29	5.25	5.31	6.7	7.13
T_3	4.25	5.1	5.25	6.3	6.10	7.16

六、番茄果实性状比较结果

番茄的果实性状对比情况见表 3.7。从表 3.7 可看出，番茄种子经优化电场处理后，果型均为高圆球形，果肉较厚，果实颜色为粉红，着色面积 93％～95％，与对照差异不大；平均单果重为 0.22kg，对照为 0.21kg，略高于对照，但差异不显著；最大单果重 0.32kg，对照最大单果重为 0.26kg，处理与对照的差异达显著水平；果面光洁度 92％～94％、商品果率 93％～95％、可溶性固形物含量 6.2％～6.4％，与对照差异不大。测产结果见表 3.8。从表 3.8 可看出，处理后平均单果重、平均株结果数与对照差异不显著；三种优化电场处理亩产量分别为 9032.2kg、8621.7kg、8511.2kg，与对照亩产量 8082.9kg 相比，产量增加的幅度为 5.29％～11.74％。

表 3.7　不同电场处理番茄的果实性状对比情况

试验号	果型	果肉厚度	果实颜色	着色面积/％	平均单果重/kg	最大单果重/kg	果面光洁度/％	商品果率/％	可溶性固形物含量/％
CK	高圆球形	厚	粉红	92	0.21	0.26	93	93	6.2
T_1	高圆球形	厚	粉红	95	0.23	0.32	94	95	6.4
T_2	高圆球形	厚	粉红	93	0.22	0.30	93	94	6.3
T_3	高圆球形	厚	粉红	94	0.21	0.31	92	93	6.2

表 3.8　不同电场处理番茄产量对比情况

试验号	平均单果重/kg	平均株结果数	平均株产量/kg	亩株数	亩产量/kg	增产/％
CK	0.210	15	3.15	2566	8082.9	—
T_1	0.220	16	3.52	2566	9032.2	11.74
T_2	0.210	16	3.36	2566	8621.7	6.67
T_3	0.207	16	3.32	2566	8511.2	5.29

七、研究的主要结论与研究展望

（一）研究的主要结论

高压电场（HEVF）作为一项物理农业技术，处理植物种子装置简单、快捷高效、无污染、成本低，便于成批处理，是一种契合物理农业的提高种子质量的处理方法。该研究利用该技术处理番茄种子，运用二次通用旋转组合设计和主成分分析相结合方法，通过建模分析，优化设计方案，筛选出适合处理番茄种子的最适电场条件。结果表明：适合番茄种子的电场处理条件优化区间为：电场强度 295～432kV/m，处理时间 10～17min。

利用优化电场条件处理种子后，发芽势、发芽率、芽长、根长、鲜重、发芽指数、活力指数都得到不同程度的提高，发芽势、发芽率、芽长、根长、鲜重、发芽指数、活力指数分别比对照（未加电场处理）提高 7.7%、4.2%、20.5%、46.9%、62.8%、18.2%、92.4%。番茄种子萌发生理生化试验结果表明：高压电场处理番茄种子后，促进了种子内代谢酶的活性，加快了种子内的新陈代谢活动，从而提高了种子萌发活力；为更好揭示高压电场处理的后续效果，该研究对萌发期各生理生化指标的测定结果进行主成分分析，把排序前三的高压电场处理条件作为后期苗期试验的优化条件。

大田试验在山西棉花研究所南花农场进行，利用萌发试验筛选的三种电场优化条件对种子处理后，播于试验田进行育苗移栽。苗期对叶片的叶绿素含量、氮含量、丙二醛（MDA）含量、可溶性蛋白含量（SP）、可溶性总糖含量（SS）、过氧化物酶（POD）活性、超氧化物歧化酶（SOD）活性等生理生化指标进行测定，试验结果表明：优化电场条件处理种子后，有效促进了番茄的苗期生长。三种优化电场处理条件下，保护酶活性、可溶性蛋白含量、可溶性总糖含量、叶绿素及氮素含量均高于对照，丙二醛含量均低于对照。对番茄苗期叶片的光合特性分析表明：适宜电场处理条件处理种子后，苗期叶片的净光合速率、蒸腾速率、气孔导度在各时段均高于对照，而胞间 CO_2 浓度均低于对照，且净光合速率与蒸腾速率和气孔导度数值变化呈现正相关关系，与胞间 CO_2 浓度呈现负相关关系；对番茄果实性状及测产结果表明：电场处理番茄种子后，番茄成熟提早 5～10 天，果实的品质也有一定改善，其中，可溶性固形物含量 6.2%～6.4%，果实着色面积 93%～95%，商品果率达 90% 以上，均略优于对照；每亩产量与对照相比增加了 5%～12%。试验结束后，使用该技术在芮城县永乐镇小面积推广 320 亩，每亩增产幅度与大田试验基本接近，亩增收 300 元左右，共计收益约 6.4 万元。同时，通过对菜农采取培训指导的形式，进行技术推广，推广面积约 2000 亩。

（二）研究展望

随着生活水平的进一步提高，人们对蔬菜品质的要求也越来越高，不但要求营养丰富，还要求健康无公害。日常生活中，番茄已经成为人们餐桌上不可缺少的一种菜肴，需求量非常大。该项目的推广实施，不仅可以使番茄产量增加将近一倍，而且可以改善其品质。作为绿色生态项目，该项目有着十分广阔的市场前景；从栽培者的角度来讲，电场技术装置简单，操作容易好掌握，投资少，收益大，易于被菜农接受和认可，利于推广；从经营者角度来讲，前景也十分看好，电场处理的番茄提早成熟，产量高，品质好，且无污染，正迎合了人们对绿色蔬菜的消费需求，所以上市价格会高于一般化控生产的番茄，随着健康意识的不断增强，人们会越来越青睐于绿色环保蔬菜，电场处理的番茄将会产生更高的经济效益。从以上分析可以看出，该技术的推广应用有一定的理论根据和现实依据，进行产业化开发具有非常美好的前景。

物理农业技术是通过声、光、电、磁与核等物理因子与农业生产应用相结合的一项技术，该技术实现了生态效益、经济效益与社会效益的最大化，是未来农业发展的方向之一。高压电场作为物理农业研究的热门课题，在种子处理、果实保鲜等方面都取得了一定的成果，但由于高压静电场对生物体的影响效应较为复杂，既受到生物体自身因素的影响，也受到环境因素的综合影响，这也就限制了该技术在农业中的应用。该试验采用二次通用旋转设计和主成分分析相结合的方法，通过对不同电场强度处理条件下，番茄的种子及各生育期多项形态及生理生化指标的测定，制定出一整套适合生产绿色番茄的最佳电场处理技术，并揭示了高压电场对番茄种子萌发期及苗期的生理生化效应，通过测定各项生理生化指标，分析其结果，来解释生物效应的产生原因，并对其进行讨论。该技术的使用不仅提高番茄的产量和品质，产生较高的经济效益和社会效益，而且能为物理农业发展起到一定的促进作用，直接或间接地促进人们生活水平的提高。但未能从分子水平进行试验和论证，对其生物学效应的机理有待进一步深入研究，寻求电场影响植物生长发育的规律，可将其作为下一步研究的重点。

高压静电场处理对番茄陈种子萌发活力的影响

近年来，高压静电场处理植物种子作为物理农业技术的一个热门课题，越来越受到国内外学者的重视，并在农业领域取得了一定的应用成果。已有研究表明，对农作物、蔬菜、牧草、花卉、林木等种子进行电场处理，可促进其萌发，增强呼吸强度，提高根系活力和酶活性，增强植物的抗逆性[13-14]。番茄陈种子由于发芽率低，幼苗长势不齐，不能满足播种要求，如何提高番茄陈旧种子萌发率，就成为蔬菜生产中亟待解决的问题。目前，高压静电场处理番茄陈种子相关研究鲜见报道。该研究采用均匀设计方法，利用高压静电场处理番茄陈种子，探讨其对种子活力指标的影响，寻找最佳电场处理条件，为电场处理技术在番茄高产栽培中的应用提供理论和实践依据。

一、材料和方法

（一）材料与仪器

供试番茄品种"802"由运城市种子公司提供，水分7.2%，2010年生产。BM201电场发生器，电压（0～150kV）连续可调。

（二）试验设计

试验按均匀设计U_{12}（12^2）进行（表3.9）。电场强度和处理时间2个因素各取12个水平，每个水平重复3次。电场强度（X_1）分别取$En=50n$（kV/m），$n=1$，2，…，12；处理时间（X_2）分别取$Hn=5n$（min），$n=1$，2，…，12，以未处理种子为对照（CK）。

表3.9 各处理因子与水平组合

编号	$U_{12}(12^2)$	均匀设计列号	电场强度/(kV/m)	时间/min
			因素	
1	1	5	50	25
2	2	10	100	50
3	3	2	150	10
4	4	7	200	35

编号	U12(122)	均匀设计列号	因素	
			电场强度/(kV/m)	时间/min
5	5	12	250	60
6	6	4	300	20
7	7	9	350	45
8	8	1	400	5
9	9	6	450	30
10	10	11	500	55
11	11	3	550	15
12	12	8	600	40

选取大小均匀一致的番茄种子，每个处理 100 粒，将种子均匀平铺于金属板上，按试验设计进行电场处理，电压波形为 50Hz 半波整流。之后将种子用 $10\%H_2O_2$ 消毒 10min，用蒸馏水清洗 2～3 次，放入光照培养箱，参照 GB/T 3543.3—1995 的方法，在（27.5±1）℃条件下黑暗中培养。第 3 天测定其发芽势，第 7 天测定其发芽率、根长、苗长和鲜重，并计算发芽指数和活力指数。发芽指数（GI）$=\sum(Gt/Dt)$，式中：Dt 为发芽天数，Gt 为与 Dt 相对应的每天发芽种子数。活力指数（VI）$=S\times GI$，式中：S 为幼苗平均鲜重。

二、结果与分析

（一）电场处理对番茄陈种子发芽的影响

由表 3.10 可知，450kV/m×30min 处理种子的发芽势、发芽率达到最大，分别为 63% 和 78%，与对照相比分别提高 117.24%、62.50%；发芽指数、活力指数也达到最大，分别为 80.93、2 180，与对照相比分别提高 114.21%、156.47%。550kV/m×15min、350kV/m×45min、200kV/m×35min 处理种子的发芽势与对照相比分别提高 106.90%、96.55%、65.52%，发芽率分别提高 60.42%、58.33%、50.00%，发芽指数分别提高 107.12%、104.37%、104.92%，活力指数分别提高 144.71%、140.00%、137.65%；50kV/m×25min、150kV/m×10min 处理种子的发芽势分别降低 3.45%、10.34%，发芽率分别降低 6.25% 和 12.50%，发芽指数分别降低 5.43%、8.63%，活力指数分别降低 2.35% 和 8.24%。与对照相比，其余处理发芽各项指标均表现为不同程度的提高。

表 3.10　电场处理对番茄陈种子发芽势、发芽率的影响

编号	X_1	X_2	发芽势/%	比CK/%	发芽率/%	比CK/%	发芽指数	比CK/%	活力指数	比CK/%
CK	0	0	29		48		37.78		850	
1	50	25	28	−3.45	45	−6.25	35.73	−5.43	830	−2.35
2	100	50	42	44.83	64	33.33	61.24	62.10	1 520	78.82
3	150	10	26	−10.34	42	−12.50	34.52	−8.63	780	−8.24
4	200	35	48	65.52	72	50.00	77.42	104.92	2 020	137.65
5	250	60	48	65.52	72	50.00	73.35	94.15	1 810	112.94
6	300	20	48	65.52	68	41.67	71.63	89.60	1 870	120.00
7	350	45	57	96.55	76	58.33	77.21	104.37	2 040	140.00
8	400	5	34	17.24	56	16.67	58.11	53.81	1 440	69.41
9	450	30	63	117.24	78	62.50	80.93	114.21	2 180	156.47
10	500	55	33	13.79	52	8.33	44.2	16.99	1 090	28.24
11	550	15	60	106.90	77	60.42	78.25	107.12	2 080	144.71
12	600	40	40	37.93	62	29.17	50.67	34.12	1 250	47.06

均匀试验设计选点分布均匀，试验指标结果最好的点离最佳试验点较近。由此可知，最佳试验处理点应在 9 号处理即 450kV/m×30min 点附近。

（二）电场处理对番茄陈种子幼苗生长发育的影响

由表 3.11 可知，450kV/m×30min 处理的幼苗根长、茎高、鲜重均达到最大，分别为 9.16cm、4.75cm、26.94mg，与对照相比分别提高 22.95%、12.56%、19.73%；550kV/m×15min、350kV/m×45min、200kV/m×35min 处理的根长、茎高、鲜重也有明显提高，与对照相比，根长分别提高 17.99%、18.26%、13.42%，茎高分别提高 9.95%、12.56%、9.24%，鲜重分别提高 18.13%、17.42%、15.96%；处理 50kV/m×25min、150kV/m×10min 与对照相比，根长、茎高略微降低，根长分别降低 5.37%、6.71%，茎高分别降低 0.24%、4.27%，鲜重提高 3.24%、0.44%；处理 400kV/m×5min 的根长比对照略低，茎高与对照无差别，鲜重比对照提高 10.13%；处理 100kV/m×50min、250kV/m×60min、300kV/m×20min、500kV/m×55min、600kV/m×40min 与对照相比，根长、茎高、鲜重都有一定的提高。

表 3.11　电场处理和处理时间对番茄陈种子幼苗生长发育的影响

编号	X_1	X_2	根长/cm	比 CK/%	茎高/cm	比 CK/%	鲜重/mg	比 CK/%
CK	0	0	7.45		4.22		22.50	
1	50	25	7.05	−5.37	4.21	−0.24	23.23	3.24
2	100	50	8.12	8.99	4.48	6.16	24.82	10.31
3	150	10	6.95	−6.71	4.04	−4.27	22.60	0.44
4	200	35	8.45	13.42	4.61	9.24	26.09	15.96
5	250	60	8.25	10.74	4.55	7.82	24.68	9.69
6	300	20	8.14	9.26	4.52	7.11	26.11	16.04
7	350	45	8.81	18.26	4.75	12.56	26.42	17.42
8	400	5	7.43	−0.27	4.22	0.00	24.78	10.13
9	450	30	9.16	22.95	4.75	12.56	26.94	19.73
10	500	55	7.50	0.67	4.23	0.24	24.66	9.60
11	550	15	8.79	17.99	4.64	9.95	26.58	18.13
12	600	40	7.87	5.64	4.46	5.69	24.67	9.64

（三）试验结果的回归分析

活力指数是种子发芽速率和生长量的综合表现。该试验利用 SAS 数据处理软件，对活力指数结果进行二次多项式逐步回归分析，得到了活力指数与电场强度和处理时间二因素间的回归方程：$Y = -1.598\,92 + 0.011\,77X_1 + 0.104\,24X_2 - 0.000\,01X_1X_1 - 0.000\,98X_2X_2 - 0.000\,12X_1X_2$，相关系数 R 为 0.977 8，F 值为 26.147 4，作 F 检验，$F > F_{0.01}(5, 6) = 8.75$，说明该模型回归检验极显著，拟合度好。系数的显著性检验见表 3.12，模型中各变量对指标的影响都显著，影响大小顺序为 $X_1 > X_2 > X_1X_2 > X_1X_1 > X_2X_2$。因此，该方程拟合度较好，可用于电场处理番茄陈种子活力指数指标的预测。

表 3.12　活力指数回归方程系数的显著性检验

统计量	偏相关	T 检验值	P 值
$r(Y, X_1)$	0.972 0	10.128 1	0.000 1
$r(Y, X_2)$	0.958 7	8.257 6	0.000 1
$r(Y, X_1X_1)$	−0.940 0	6.747 8	0.000 3
$r(Y, X_2X_2)$	−0.924 2	5.929 8	0.000 6
$r(Y, X_1X_2)$	−0.946 0	7.147 9	0.000 2

回归模型分析表明，当种子萌发活力指数达到最大时，即种子活力指数达2 212时，二因素组合分别为：电场强度365.0kV/m，处理时间31.9min。

（四）验证试验

选取大小均匀一致的番茄种子300粒，分成3组，按照最佳电场处理条件即电场强度365.0kV/m，处理时间31.9min进行发芽试验。结果表明：发芽势64%，发芽率79%，根长9.31cm，茎高4.80cm，鲜重27.19mg，发芽指数81.35，与对照相比，各指标分别提高120.69%、64.58%、24.83%、13.74%、20.84%、115.33%，并计算得到活力指数为2 198，比对照高出158.6%，试验结果与模型理论值（2 212）基本符合，说明最佳电场处理条件的选取合理可行。

三、结论与讨论

种子活力主要取决于其遗传基因，同时又受外界环境因素的影响，外界环境条件决定了种子活力程度表达的可能性[15]。休眠种子在高压静电场作用下，会启动和激活各种酶系活性，促进贮藏物质的转化、分解和蛋白质合成，加快呼吸速率等，从而提高种子的萌发速率[16]。

该试验用高压静电场预处理萌发力不高的番茄陈种子，结果表明：经过不同高压静电场和不同时间处理后，其发芽势、发芽率、发芽指数、活力指数有了不同程度的提高。说明适宜高压静电场处理能引发种子内部的响应机制，显著促进了番茄陈种子萌发的整齐度和活力。高压静电场处理种子高效低耗、操作方便、无污染，易于推广应用。但高压静电场剂量（电场强度×处理时间）、生物种类、含水量以及周围环境中的温度、湿度等都会影响到高压静电场的效应[17]。该试验采用均匀设计进行大范围筛选，得到了拟合优度较高的活力指数回归模型及最佳剂量，在最佳剂量365.0kV/m×31.9min时，发芽活力指数达到2 198，与对照相比，提高了158.6%，并且该活力指数与拟合值2 212基本一致。

电场处理番茄陈种子对番茄幼苗生长也有一定的影响。根长、茎高、鲜重等反映幼苗生长的形态指标，与对照相比，适宜静电场处理后，其均主要表现为增加的趋势。

高压静电场处理种子能诱发其体内产生一系列的生理生化反应。一般认为，在高压静电场下，分子会发生极化，从而刺激种子中活性物质，使其产生相应的反应。同时高压非均匀静电场电晕线放电，会产生臭氧和氮氧化物，生成的酸性物质能破坏种子外壳，又能刺激体内休眠状态的胚芽，产生的臭氧还起到杀菌的作用[18]。也有学者认为，静电处理能诱导或启动种子生物体内携带的某种信息，促进一定的反应发生而激活种子内部潜力，加速种子细胞动力学过程，或者通过引起种子的 DNA 转录和翻译表达变化，来促进种子的萌发[19,20]。而关于番茄最佳试验点处理后种子内部生理生化指标的变化情况及高压静电场刺激下种子产生响应的信号转导机制，有待进一步探讨和研究。

参考文献

［1］ 叶美叶.番茄［M］.北京：北京出版社，1982.

［2］ 刘士亚，林鉴荣.番茄 茄子［M］.广州：广东科技出版社，2001.

［3］ 张全国.高压静电预处理技术对番茄保鲜的影响［J］.华中农业大学学报，2002，21（6）：558-562.

［4］ 王愈，王宝刚，李里特.两种高压电场处理形式对绿熟番茄贮藏品质的影响［J］.农业机械学报，2010，41（7）：123-126.

［5］ 王愈，王宝刚，李里特.静电场处理对贮藏番茄品质及生理变化的影响［J］.农业工程学报，2009，25（7）：288-293.

［6］ 迟燕平，殷涌光，李婷婷，等.高压脉冲电场对番茄陈种子萌发的生物学效应［J］.北方园艺，2008（4）：38-40.

［7］ 王斌，蔡兴旺.静电场处理对茄子种发芽的影响［J］.韶关学院学报（自然科学版），2002，23（3）：36-37.

［8］ 蔡兴旺，王斌.茄子种高压静电场生物效应试验研究［J］.种子，2003（1）：16-17.

［9］ 蔡兴旺，杨建新.珍珠番茄种子高压静电场处理的田间生物学效应实验［J］.种子，2004，23（4）：19-25.

［10］ 金声琅，殷涌光，王莹，等.高压脉冲电场对番茄汁杀菌效果的研究［J］.食品工业科技，2010，31（11）：91-93.

［11］ 阎立，白希尧，李晓玲，等.静电处理提高黄瓜番茄青椒种子活力的研究［J］.园艺学报，1988，15（2）：115-118.

［12］ 金声琅.高压脉冲电场辅助提取番茄皮渣的番茄红素［J］.农业工程学报，2010，26（9）：368-372.

［13］ 陈花，王建军.高压静电场对荞麦幼苗抗旱能力后效性的影响［J］.河南农业科学，2014，43（4）：40-42.

［14］ 杨体强，侯建华，苏恩光，等.电场对油葵种子苗期干旱胁迫后生长的影响［J］.生物物理学报，2000，16（4）：750-784.

［15］ 马娟，王铁固，佘宁安，等.种子活力遗传和 QTL 定位研究进展［J］.河南农业科学，2010（4）：156-159.

[16] 蔡兴旺，王斌.青椒种子高压电场的生物学效应［J］.种子，2001，119（6）：14-15.

[17] 张俐，申勋业，杨方.高压静电场对生物效应影响的研究进展［J］.东北农业大学学报，2000，31（3）：307-312.

[18] 黎先栋，王淑惠.高压静电场对微生物和作物的影响及其在农业中的应用［J］.生物化学与生物物理进展，1986（3）：36-39.

[19] 高雪红，吴俊林.高压静电场在农业中的应用及其作用机理的物理微观解析［J］.现代生物医学进展，2008，8（3）：567-570.

[20] 张宇，徐晓峰，莫蓓莘.种子萌发的抑制调控机制［J］.生命科学，2014，24（2）：118-122.